U0917011

Psychology

# 图解心理学

立群　主编

中华工商联合出版社

图书在版编目（CIP）数据

图解心理学 / 立群主编 . -- 北京：中华工商联合出版社，2017.1（2021.6 重印）

ISBN 978-7-5158-1913-6

Ⅰ . ①图… Ⅱ . ①立… Ⅲ . ①心理学－图解 Ⅳ . ① B84-64

中国版本图书馆 CIP 数据核字（2017）第 010555 号

图解心理学

主　　编：立　群
责任编辑：李　瑛　袁一鸣
装帧设计：北京东方视点数据技术有限公司
责任审读：李　征
责任印制：迈致红
出版发行：中华工商联合出版社有限责任公司
印　　刷：唐山富达印务有限公司
版　　次：2017 年 7 月第 1 版
印　　次：2021 年 6 月第 2 次印刷
开　　本：710mm × 1020mm　1/16
字　　数：260 千字
印　　张：16
书　　号：ISBN 978-7-5158-1913-6
定　　价：78.00 元

服务热线：010-58301130
销售热线：010-58302813
地址邮编：北京市西城区西环广场 A 座
19-20 层，100044
http: //www.chgslcbs.cn
E-mail: cicap1202@sina.com（营销中心）
E-mail: gslzbs@sina.com（总编室）

工商联版图书
版权所有　侵权必究

凡本社图书出现印装质量问题，请与印务部联系。
联系电话：010-58302915

# 前　言

心理学源远流长，早在原始社会，人们便对梦境和死后生活有所猜测。他们以为，有一种像空气一样的“灵气”通过呼吸出入人体。做梦就是这种“灵气”出壳外游，死亡时不再返回人体。进入文明社会后，欧洲人把这种“灵气”称之为“灵魂”。从公元前 6 世纪开始，古希腊哲学家把心理看作是“灵魂”的功能。近代欧洲的哲学家继承发展前人的思想，把“灵魂”称为心灵，并和知识的起源问题一起讨论。到了 19 世纪中期，形成了一种比较系统的心灵或意识的经验心理学思想。

在漫长的 20 多个世纪的时间里，西方的心理学思想主要是在哲学内部发展起来的，历史上称之为哲学心理学，或前科学的心理学时期。自 1879 年心理学脱离哲学成为独立的学科后，百余年来的现代西方心理学发展迅速。

这门年轻的学科如今已枝繁叶茂，在许多领域形成了分支学科，如基础研究领域包括认知心理学、发展心理学、变态心理学等；应用研究领域包括社会心理学、教育心理学等。不仅如此，心理学的理论基础还渗透到政治、经济、文化、宗教、艺术等各个领域，影响广泛。面对体系如此庞大复杂的学科，想要系统地对其进行了解将是一项耗时耗力的浩大工程。

为了帮助读者高效地掌握必需的心理学知识，我们采取了更为直观的图文呈现手法，通过科学的体例、生动的文字和精美的图片有机结合，带领读者轻松步入心理学殿堂。这是一本学习心理学知识的必备工具书，分为心理学的历史、认知心理学、神经心理学和社会心理学四章，从生物学视角、前沿的认知神经科学，到人的发展、心理障碍及治疗，全面解析心理学学科概貌；从心理学发展历史、研究领域、研究方法和代表人物等多角度，全面介绍心理学知识。通过阅读本书，可以全面系统地了解心理学的发展进程及各个流派的主要研究内容和方向，对更深入地学习心理学知识具有指导意义。

本书不仅注重实用性，而且也没有忽视自身的审美要求，配入众多与文字相契合的图片，包括经久流传的心理学名著书影、记录心理学家音容笑貌的画像与旧照、体现心理学思想的照片和理论解析图等，精美的图片与文字相辅相成，组成一幅精彩的心理学画卷，清晰地呈现出心理学发展的脉络，使阅读变得更加轻松明快，让读者充分享受阅读的乐趣。无论是对心理学一无所知的人，还是浸染在浩繁巨著中的学者，都可以从中获得启发。

# 目录

# 第一章 心理学的历史

## 第一节 什么是心理学

在有文字记载以前，人类就一直关心自己及周围的世界。他们想知道人的思维方式、什么使人产生了爱与恨、人是怎样掌握语言的等。对这些问题的探讨最终促使了科学心理学的诞生。

19 世纪以前，哲学家还错误地认为心理就是“灵魂”。首先开始真正科学地研究心理过程的是生理学家，他们感兴趣的是脑和神经系统的活动方式。心理学真正作为一门独立的学科始于 1879 年，威廉 · 冯特在德国莱比锡大学创建了世界上第一所心理学实验室。仅隔四年，斯坦利 · 霍尔在美国约翰 · 霍普金斯大学又建立了一所心理学实验室。

早期的心理学更多地受到人们信念的影响，这些信念是关于“心理是怎样活动的”或者“应该形成怎样一个学派”等。这些心理学的思想常常渗透到流行文化中，在社会上产生越来越大的影响。

构造主义建立在威廉 · 冯特的试验工作基础之上。构造主义采用机械观，将心理过程解析成各个组成部分——被称为“心灵主义”，并以此来理解心理过程。

机能主义是威廉·詹姆斯在其著作中首先提出来的，他认为研究心理的机能比研究心理的结构更为重要。

诞生于1910年的格式塔心理学派认为，心理学应该研究“整体经验”，而不是构造主义所说的“部分”。格式塔心理学家主要研究视知觉，不过他们的思想也渗透到心理治疗领域。他们认为在治疗心理疾病患者时，应考虑到患者生活的各个方面。后来，这一观点成了现代“家庭疗法”的基础。

医生西格蒙德·弗洛伊德创立了精神分析学说，他认为无意识心理过程导致了精神焦虑和心理疾病。他对许多行为的解释被应用到了社会生活中。

20世纪20年代，约翰·华生建立了行为主义，伯尔赫斯·弗雷德里克·斯金纳对其作了进一步发展。他们都认为心理学家应该研究可观察的行为，反对用其他方法研究内部心理过程。行为主义对教育和社会生活产生了广泛的影响，提出通过适当的“强化”，能够促进人和动物的学习行为和控制人类大多数的不良行为。

人本主义心理学信奉现象学的思想，反对精神分析和行为主义。该学派认为人类既不受无意识过程的控制，也不为条件反射所塑造，而靠自由意志解决自身的问题。卡尔·罗杰斯根据这一理论发展了一套心理治疗的方法，这种方法的主要方式是治疗师帮助病人找到认识他们自己的办法，并帮助其恢复健康。因此形成了不同形式的小组治疗，如“偶遇”小组，以及自助运动。

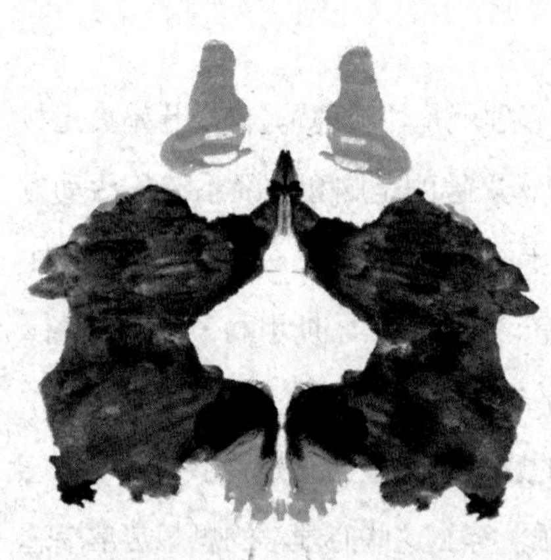

↑这幅图画是墨渍测验的一张样例。把这幅图画呈现给被试者，要求他们描绘自己看到了什么，他们的回答常常反映了其人格特点。对多数人来说，这个测试揭示了心理学的本质——它告诉我们关于自己的一些东西，以前我们无从知晓的东西。

心理学的研究及其各种流派的观点对社会产生了巨大的影响。

弗洛伊德的“性压抑导致许多问题”的观点，对20世纪20年代社会观念的解放产生了积极的影响。行为主义提供了一种社会模式：在这个社会里每个公民都能被“教育好”，并且都能被社会所“操纵”。相反，人本主义提出的个人价值的观点似乎削弱了人在社会中的竞争性。

产生于 20 世纪中叶的认知心理学被认为是心理学中反对行为主义的一场革命。心理学家又重新开始研究心理，所采用的方法却是客观地测量外部行为。这使心理学更加具有科学性，为人类平等提供了心理学的依据，因为人类都拥有正常的认知能力，而不管他们学到的经验是多是少。

20 世纪 90 年代，心理学上最显著的变化是扩大和借鉴了一些新兴中间学科的研究方法。许多心理学家与生理学家紧密合作，努力探讨特定行为与脑和神经系统的联系。比如，脑成像技术使研究者能够观察到：人在进行不同的心理活动时，大脑被激活的部分也不同。在人们感知或解决问题需要进行推理时，观察感觉传入的变化如何改变心理加工过程，这已经成为一件可能的事情。

进化心理学是最新的心理学流派之一，并且正对其他学科产生越来越大的影响。随着科学的进步，心理学家能够检测行为的遗传性，这引起了一些心理学家的关注，并提出，有利于生存的行为可能像身体特征一样能被继承下来。

心理学也通过与其他学科的联系使自身得到了发展。交叉学科就是典型的例子，如与计算机专家一起合作建立心理过程的计算机模型；与语言学家一起合作研究人是怎样学习说话、阅读和书写的；与人类学家合作研究文化怎样影响人的行为，并通过对比生活在不同环境的人们的思维过程、社会态度和行为，努力揭示种族、性别、社会阶层等社会和角色因素对行为的影响。由认知心理学、神经生理学和计算机科学联合而成的认知科学基本上已经形成了一门独立的学科。

在简单介绍了心理学各流派的观点之后，可以看到，心理学已经发展成为一门规范的学科。在这门学科中，传统的各个流派的排序已经不重要。然而，各流派的思想痕迹还是可以看到的，特别是在应用心理学中。例如，心理学治疗师可以利用行为塑造的方法，可以运用卡尔·罗杰斯的来访者中心疗法，或者心理动力学疗法（现代精神分析）。甚至有些心理学家自称是“折中主义”的，这就是说，他们将利用任何一种有效的方法。一些研究者也自称是某一学派，但是他们把研究的重心放在搜集资料和解释心理活动上，而不是努力去发展某一特定的理论学派。对他们的学术归类，更多的是根据其研究领域，而不是根据其理论派别。

## 第二节
## 早期的心理学

当今的心理学是研究行为和心理过程的，而精神病学则是医学的一个分支，关注的是心理疾病的治疗。然而，它们起初都是哲学的分支，在 19 世纪末才成为两个独立的学科。

在西方，最早尝试研究心理学的可追溯到古希腊的哲学。“心理学”这个词来源于两个希腊词 psyche（意思是“心理”或“灵魂”）和 logos（意思是“学说”或“推理”）。“精神病学”也源于希腊文 psyche 和 iatros，意思是“心理治愈”。

古希腊的医师兼哲学家希波克拉底指出，疾病是因体液或血液、黏液、黄胆汁和黑胆汁这四种液体的不均衡造成的。这就是人们所熟知的“体液说”。比如，疯狂被认为是由于黑胆汁质过多造成的。在某些地方，“体液说”直到 19 世纪末才被人们认可。

希腊哲学家亚里士多德对人和动物的行为都感兴趣。他直接观察自然界的方法促进了经验主义的发展。经验主义认为，知识是在观察的基础上习得的。亚里士多德是第一个用这种方法研究自然界的西方人，他也用此方法研究人的行为和疾病。

此后，在罗马的希腊人主张，治疗心理疾病应该采用安静又有效的职业和药物疗法。

## 中世纪的心理学

在中世纪（5 ~ 15 世纪），西方学者从宗教而非科学的观点研究人类行为。他们对自然的兴趣胜过医学。

人们普遍认为，行为不正常的人是被“邪恶的灵魂”所支配，或是受到了“魔法”的影响。患者通常在某些方面存在着不合常理的行为。治疗的目的就是释放这种“邪恶的灵魂”。中世纪的“汗屋”就采用闷烧树叶、用烟来熏出“魔鬼”的方法来治疗这些受痛苦折磨的人。魔法的或宗教的行为当时也很流行。受害者被宣称是不正常的人、疯子或是精神错乱者。一些人在宗教命令之下接受治疗，然而大多数人被迫成为乞丐或是游民。维持希腊医学传统的任务留给了阿拉伯人，他们在医学方面做出了重大的贡献，在公元 8 世纪为心理疾病患者建立了第一个收容所。而直到 15 世纪早期，欧洲才建立了第一所精神病院。

## 心理学的诞生

在 14 ~ 17 世纪（即人们熟知的文艺复兴时期），心理和脑解剖的研究恢复了生机。

研究者们不再研究动物，转而研究人类的行为和解剖学。1506 年，克罗地亚的人本主义者马可·马乌力首先使用了“心理学”这一术语。

法国哲学家笛卡尔（1596 ~ 1650）认为，身体和心理是彼此独立的，相互之间有着强有力的影响。他坚信躯体的运作方式是机械的，而灵魂的运作方式既不是物理的也不是机械的——它是经过脑与躯体的互动而产生的智能。这种身心关系的二元论直到今天仍有重要的影响。

荷兰哲学家布拉什·斯宾诺沙（1632 ~ 1677）相信身心之间不会相互影响，而是共同地、平等地影响着行为，因为它们受到同一个刺激物的影响。这种二元论的观点导致了心物平行论（这种观点认为脑活动的过程和心理活动过程共存，不需要相互影响就能发生变化）。学者们曾尝试将这些哲学的原则应用到医学中去。

### 疯人院

在欧洲，17 世纪之前，被认为属于正常社会之外的人都被禁闭在疯人院等诸如此类的机构中，其中包括心理疾病患者、残疾人、罪犯和游民。

当时的疯人院由教堂或是慈善机构建立，它不像医院，而更像监狱。自愿前来的医师有时会去那儿给人们服用一些由灌木和药草做成的药品，例如促使呕吐的药物。大多数病人被枷锁锁着，用链子锁在墙上或是捆在紧身衣中。在这种疯人院中，最古老、最著名的要数英国伦敦伯利恒市的圣特玛利医院，这是一个充斥着残忍、忽视、鞭笞、枷锁和污秽的地方。伯利恒简称为伯利，早已成为“骚乱”的代名词。

1793 年，法国医师菲利浦・皮内尔（1745 ~ 1826）被任命为法国巴黎的一个心理疾病患者服务机构的负责人。

皮内尔对心理疾病患者一直受到非人道的对待很反感，他要求给疯人院中的患者除去手铐，给他们舒适的房间，并允许他们在训练场锻炼。他认为，心理疾病患者的行为表现之所以像动物，就是因为他们受到了残忍的对

↑ 18 世纪法国医师菲利浦・皮内尔在法国巴黎的一所医院要求从心理疾病患者身上除去手铐和锁链。

待。这种观点冲击了传统观点——精神疾病导致了人们的行为表现像动物。虔敬的天主教徒皮内尔提出了一种人性化、道德化的治疗方法。他将精神疾病分为精神抑郁、狂躁、白痴和痴呆等几类。他停止了给病人吃泻药和放血等治疗方法，而采取和病人交流、允许他们参加系列活动的方式。

皮内尔对他所负责的机构和与之类似的为妇女服务的医院产生了重要的影响。他的作品影响广泛，被译成英语、西班牙语和德语。在其他国家这种道德化的治疗也得到了发展。例如，在意大利的佛罗伦萨，维森·卡拉其（1759 ~ 1820）在心理机构的组织方面实施了根本性的转变措施。

### 图克派

当心理学还是哲学的一个分支的时候，一门新的学科即后来的精神病学产生了。纽约和英格兰的精神病院的不善管理和对待心理疾病患者的残忍程度令人震惊。1796 年，愤怒的信徒们组建了一种基于平静、舒适和良好氛围的慈善治疗法。图克派——管理这个机构的富有的茶商家族，在转变人们对待心理疾病患者的态度方面做出了很大的贡献。

威廉姆·图克（1732 ~ 1822）将他的收容所比作儿童场所，他相信他的坚持不懈会得到回报，即病人的心理健康状况会得到改善。这反映了当时主要的新变化：第一次使心理疾病患者有了治愈的希望。1813 年，塞缪尔·图克（1784 ~ 1857）给由英国大不列颠政府组成的议会委员会投递了一封措辞激烈的报告，要他们去看看疯人院。他描述了疯人院的治疗方法，将疯人院比喻成充斥着野蛮和管理不当的“地狱”，并且将这种疗法与“约克疗法”作了比较。由于图克派的努力，心理疾病是一种需要特别治疗的疾病开始为人们广泛认同。

美国的精神病治疗法是由英国的模式发展而来，“约克疗法”影响了波士顿、哈特福德和费城的著名精神病院。然而美国的医学之父本杰明·拉什（1746 ~ 1813）更倾向于采用抑制的治疗方法。他认为静脉切放血术是使精神病患者镇定的有效方法。

## 科学和人性

由于人们对心理疾病的态度转变了，18 世纪早期疯人院更名为精神病院。

精神病学家约翰·卡诺里（1794 ~ 1866）是英格兰南部的米德尔塞克斯的一个大精神病院的主管，他努力使该精神病院成为一个人性至上的休养所。他支持非抑制疗法，而且鼓励医生写个案以记录病人的心理和社会背景。

卡诺里以颅相学为依据，将精神病学和心理学联系了起来，这是一场包括精神病学和行为研究的运动。颅相学最初由弗冉兹·加尔（1758 ~ 1828）发展起来，他认为脑是思想和意志的器官，头颅里的肿块决定了人的性格。虽然颅相学在现在看来是伪科学，但它是精神病学发展史和心理疾病人性化治疗史上的一个重要阶段。

在此期间出现了这样一种观点，即心理疾病起源于人体，可能产生于脑。有关心理疾病的书籍和心理医生急剧增多。

1808 年，英格兰国会通过的一项法令，使当地的权威人士能够利用税收为那些被称作疯子的穷人建立精神病院。许多官员视察了这些地方，但精神病医生始终没有一个固定的身份。第一个专业的团队，即精神病院官员，直到 1841 年才产生。1853 年，一个英国协会出版了《精神病院杂志》，此后更名为《心理科学杂志》。至此，人们对心理疾病的本质和治疗方法的兴趣增长了，对心理疾病可以治愈抱有极大的希望。

1883 年，德国精神病学家爱弥尔·克雷佩林（1856 ~ 1926）开始写《心理疾病的分类》一书，他将心理疾病分为两类：一类是他认为可以治愈的，另一类是他认为不可以治愈的。他一直在细化他的分类体系，直到去世前仍在修订第九版本。在 20 世纪早期，他的思想有很大的影响力。

## 科学和心理学

在19世纪中期，心理学和精神病学仍然紧密地联系在一起。当时的德国科学家约翰斯·缪勒（1801～1888）和赫曼·赫尔姆霍茨（1821～1920）第一次开始系统地研究知觉和感觉，他们用观察的科学方法来考察心理活动。但是直到19世纪后期，在医学和生理学方面受过训练的威廉·冯特（1832～1920）在德国出版了第一本实验心理学杂志，以仔细观察为基础的心理学才作为一门独立的学科得以建立。这些做法有助于将心理学从哲学和精神病学中分离出来，使其有自己独立的身份而稳步发展。

精神病学上最著名的方法是由西格蒙德·弗洛伊德（1856～1939）发展起来的精神分析法。它最初是一种治疗策略，也是一种心理失调的理论，是了解人类本质的途径。弗洛伊德认为深藏在潜意识里的力量决定着人们的行为。

如今，心理学和精神病学是两门独立的学科。心理学工作者研究正常和变态行为，取得了深层次的学术造诣，并转向更深的专业练习。精神病学属于医学领域——精神病学者致力于脑和心理障碍的研究，并获得医学学位。他们有权开处方药和给病人采用其他的方式治疗。

然而它们两者之间仍然有许多方面是交叉的。1879年，人们引进“临床心理学”这一术语，用以表述医院这样的机构给病人做的分析。以心理健康为工作中心的临床心理学家常在富有经验的精神病医师手下接受训练。心理

↑这幅1880年的油画描绘了收容所改革之前，伯利恒圣特玛利医院中的病人所受到的不公平的待遇。

学工作者和精神病研究者也将联合起来帮助病人解决各种问题和治疗各种心理疾病。

## 第三节
# 科学心理学的开端

由于 18 世纪和 19 世纪化学、物理等科学的发展，推动了心理科学的诞生。威廉·冯特深受自然科学发展的影响，建立了世界上第一所心理学实验室，并提出了内省研究心理的方法。

从远古时代的人类思想史我们了解到人类对心理学的兴趣。人类一直对自身的心理和行为感兴趣，他们经常自问心理是怎样活动的、人为什么要干活。

然而，直到 19 世纪晚期，心理学才开始脱离思辨的范畴，成为科学。因为这时研究者着手调查心理活动的工作方式。再一次的重心转变是在 20 世纪早期，因为心理学家把研究的目光放在人类的行为上。

## 科学的内涵

在 18 世纪和 19 世纪，自然科学取得了巨大成就，特别是在生理学（人的躯体是怎样活动的）、物理学和化学方面。随着实验技术的进步，科学家提出了许多最新的科学理论，并将其应用到当代生活中。医学也取得了长足的发展，医学上的飞跃使得死亡率急剧下降。

科学空前地成为人们生活的一部分。科学、科学家、实验、实验室等词汇是许多人所向往的，也是教育层次较高的人们之间谈论的流行话题。学科的发展既推动了基础实验室的建设，又通过应用科学技术的成果改善了人们的物质生活条件。

在 19 世纪后期以前，心理学从属于哲学，但是由于对科学的新的重视，使得人们用崭新的眼光审视心理学。冯特是第一个用科学的原则研究心理过程的人，他的主要研究方法是内省，这种方法要求研究者去观察和记录他们自身的感觉、思维和感情。实验补充了他们的结果。冯特建立了第一所心理学实验室，创办了第一本心理学杂志《心理研究》。由于他的努力，心理学成为一门独立的学科，他也自然成为科学心理学的奠基人。当然，他的成就是建立在其他科学先驱的基础上的，例如古斯塔夫·费希纳和赫尔曼·赫尔姆霍茨。

## 费希纳和赫尔姆霍茨

德国科学家古斯塔夫·费希纳（1801 ～ 1887）是心理物理学的创始人，心理物理学是应用物理学的规律于心理过程的一门学科。费希纳利用数学和物理的方法研究心理活动，在不同的刺激水平与心理感觉之间寻找数量关系。例如，费希纳曾经开展过这样的研究：把不同强度的声音呈现给志愿者，然后测量他们对每一个刺激的反应时间。在对平均反应时间进行计算和分析之后，他发现了一个普遍的规律，他称之为听觉阈限，也就是说，人若是要听到一个声音，声音的强度必须达到一个最小值。费希纳的实验研究影响了冯特和其他的心理学家。

赫尔曼·赫尔姆霍茨（1821 ～ 1894）是德国另一位有重要影响的科学家，他对生理学、物理学、感觉和知觉都感兴趣。赫尔姆霍兹发展了颜色知觉理论，该理论最初是由托马斯·杨格（1773 ～ 1829）在 1801 年提出来的。这一理论（后来被称为杨格—赫尔姆霍茨的三色论）得到了广泛的认可，它能够解释颜色知觉的许多现象，特别能够解释视网膜上的感色细胞的活动规律。

赫尔姆霍茨对神经冲动传导的速度也有兴趣。一些科学家已经提出，神经冲动的传导是瞬间的或者是快得无法测量的。赫尔姆霍茨根据对蛙的运动神经的观察，发现神经冲动传导的速度是 19 米 / 秒。

赫尔姆霍茨还研究感觉和知觉。他想知道感觉信息是怎样被传送到脑的，也就是说，外部刺激诸如光和震动是怎样在人的心理上产生视觉和听觉的。他得出的一个主要结论是：这些来自外部世界的感觉信息只有传送到脑才赋予它们一定的意义。这一观点可以说是现代著名理论“自上而下加工”的雏形，自上而下加工受人的知识和经验的驱动。

费希纳和赫尔姆霍茨都是在19世纪出现的倡导应该把科学原则应用于研究心理活动的杰出代表。然而，这两位科学家都是生理学家，而不是心理学家。只有冯特才使心理学发展成为一门独立的学科。

## 动物和人类心理学

1862年，冯特在海德堡大学作了一系列关于动物和人类心理学的讲座。它是第一门心理学的课程。冯特第一次把心理学、生理学和哲学作了严格的区分。冯特宣扬心理学应该是实验科学。他认为许多心理现象，诸如感觉和知觉都是可以测量的。然而，他又认为心理学是有限的，因为它不能解释复杂的人类机能，比如高级的心理过程和社会互动。

冯特认为人类的行为源于动机和其他一些未知影响的相互作用。他说这些因素不能被测量，因为它们中的任何一个都不能直接产生行为。冯特解释说人的行为不能像物理能量诸如电一样能被测量。换句话说，冯特相信心理学介于能够测量与不能测量之间。

这个观点把心理学与生理学、物理学和化学作了严格的区分。今天，大多数心理学家不同意冯特的观点，他们认为心理学与任何其他学科一样是一门严谨的科学，可以通过清晰的测量得到量化的结果。

## 心理生理学

冯特在心理生理学上取得了重大成就，被认为是第一个真正的心理生理学家。心理生理学是研究人和动物是怎样认识外部世界和怎样识别感觉信息的，今天已经发展成为心理学的一个分支学科。心理生理学家研究的感觉（诸如视觉和听觉）把感觉信息发送到脑，在脑中发生了知觉过程；但是他们想知道我们得到的信息多少是由感觉器官本身决定的，多少是由脑和知觉过程决定的。

**内省法**

冯特提出了测量感觉和知觉基本元素的系统方法。物理学运用观察技术研究物理现象，冯特寻求运用内省研究人的心理现象。内省即“内观”，是指被试者要检查自己的思想。

实验中的被试者称为观察者，他们经过训练后要报告他们的思想和感情。给他们一个刺激，例如某个形状或某种颜色，然后要求他们报告对该刺激的反应。由于是要求他们对立刻所想到的和所感受到的进行客观地报告，是十分困难的，因此，观察者必须接受严格的训练。

**内省法的缺陷**

内省法作为一种科学方法是有缺陷的。一方面是对它的性质无法检验，因为无法证明观察者所报告的是否是他们真实的思想和感受。另一方面是很难获得来自不同观察者的可信和有效的资料。因此，用今天的科学标准判断，从内省实验中获得的数据是不可靠的。

另有一些心理学家批评说，观察者可能只报告他们意识到的思想和感情。而事实上，人还有其他一些无意识的思想和感情（人没有意识到它们的存在），这些内容是内省法所不能报告的。

冯特已经认识到在他的内省研究中存在不足，承认内省的过程打断了自然的思维过程。毕竟，思考自己在思考的每一个思想是不自然的。冯特用毕生的精力修改和完善他的内省法。

## 冯特究竟研究什么?

尽管内省法有它的局限性，但冯特还是有效地运用了内省开展心理研究。冯特在他的莱比锡实验室里研究了光和颜色的心理生理学，探讨了感觉和知觉的广泛问题，诸如脑是怎样把眼睛中的电活动转变成图像的，他也研究听觉，包括频率、节拍、音调和音调间隔。

↑ 这幅图画是 19 世纪的莱比锡大学，是威廉·冯特建立世界上第一所心理学实验室的地方。冯特从 1875 年到 1917 年一直在这里担任教授。

冯特也研究注意力，他认为注意力在知觉中很重要。注意是对当时当地的意识，但是个体无法意识到同一时间里作用于他的所有事件和信息，因此，注意有选择性。冯特认为心理能够注意到同时发生的一系列事件，这就意味着同时对几个活动进行加工是可能的，这个观点后来被认知心理学的研究所证实。

**元素主义**

冯特也发展了元素主义理论，这一理论在心理学中一直应用到今天。他认为心理学家应该分析意识的过程，并把它们分解成元素（即更小的部分和过程）。这一理论的提出深受约翰·丹尔顿的原子理论和门捷列夫（1834 ~ 1907）的元素周期表的影响。

按照冯特的观点，意识的组成元素是连接在一起的，要研究这些连接。如果发现了连接的规律，人们就能够理解意识是如何产生的，又是如何起作用的。在现代心理学中采用了不同的术语表述这一理论的意思：冯特当时所讨论的就是我们现在称之为脑中的神经网络以及它们是怎样通过神经通路进行传递的。

**心理过程时间的测量**

冯特把元素主义的概念拓展到一定的心理过程需要花费一段固定的时间才能完成。他相信当同一思想被不断重复时，元素之间的连接就不断地得到加强。这有助于解释冯特在有关反应的实验中重复发现的结果。在这些实验中，实验者要求被试者尽可能快地对一个刺激做出反应，并认真测量被试者的反应时间。

冯特发现在训练之后，被试者会做得更快，但是，快到一定程度以后，他们就达到了一个固定的最快反应时间。例如，如果要求被试者当看到一个绿色物体时就尽可能快地敲击一个按钮，经过一段时间的训练，他们敲击按钮的速度就比较快了。但是，当速度达到一定程度以后就不再提高，无论他们进行多少练习都不见效。

冯特是第一个开展这样的心理研究的人，他认为可能得到一些有关脑的机能和工作方式的信息。在现代心理学中，研究者仍然进行反应时间的实验，并且继续探讨关于脑中发生的认知过程的重要信息。

### 联想的概念

冯特在一项研究中，揭示了我们的头脑是在不同的经验水平上来感知这个世界的。他用一项记忆任务来证明这个观点。他要求被试者迅速地看一眼一组随机出现的字母，接着要求他们尽可能多地回忆这些字母。结果表明，被试者平均能够回忆出四个字母，而通过练习，回忆量可以增加到六个。冯特又将字母换成单词，结果被试者回忆的单词数与先前回忆的字母数差不多，即使每一个单词都多于一个字母。这表明，当人们把信息（字母）组织成较大单元（单词）时，能处理更多的信息量。后来，人们把这一过程称作“形成组块”。

利用这样的信息，冯特提出了联想律。首先，有一种混合的感觉。这里他用“感觉”这个词指从情绪到声音，范围很广。其次，冯特认为两种或两种以上的感觉可能逐渐消失而形成一个单一的感觉，即使它们在一开始时是独立的。他也相信相似的事物更可能形成联想。

### 脑和神经细胞理论

冯特最重要的著作是《生理心理学原理》，在这本著作中，他描述了脑是如何活动的。按照他的观点，脑活动的实质是化学活动，他认为脑是由液态化学物质组成的复杂器官，这些液态化学物质有时在一个区域内较活跃，有时在另一个区域更活跃。他坚信整个脑不断地在分享同样的化学–心理活动。

↑冯特（最右）和他的一些合作者在德国莱比锡大学的心理学实验室中。

现代神经科学认为脑中一直存在着不同的“系统”在活动。这些化学物质之间的相互关系错综复杂。冯特对神经科学做出了重要贡献。虽然他关于脑的观点在所有细节上都是不正确的，但是在基本目标上，他的研究工作与现代神经科学是有关系的。

冯特也提出了一个关于神经系统结构的理论，他推测一定存在化学物质组成了神经冲动的传导，这就是他所说的化学过程。他认为神经细胞把三种类型的化学过程发送给其他细胞。单极细胞仅能发送一种类型，双极细胞能够发送两种类型，多极细胞能够发送复杂的化学过程。单极细胞是最不普遍的，而双极细胞和多极细胞是人类重要的生理活动中心。按照冯特的观点，双极细胞和多极细胞的连接使得人类行为具有复杂性。冯特所掌握的技术远不如今天先进，但是，他提出的许多观点已经被证明是正确的。然而，研究已经揭示的神经细胞之间的相互关系比冯特设想的还要复杂。

现代神经细胞的理论采用生化方法理解神经系统的活动。神经细胞或者神经元接受来自感觉（视、听、嗅和触）的信息，控制身体的有意和无意运动，通过电脉冲传送信息。复杂的连接实现了神经对复杂行为的控制，就像冯特所预料的一样。

**冯特的不朽著作**

冯特在一生中共出版了超过53000页的理论著作，这个数字还不包括他的最重要作品的修订版。他不但将心理研究成果写成了大量的心理学著作，还写了大量关于逻辑学和伦理学的著作。著名心理学家威廉·詹姆斯

（1842 ~ 1910）宣称，系统地阐述反对冯特理论的论点是无效的，因为他在不断地修改和质疑自己的研究工作，或者开辟另一个研究领域。冯特著作的范围相当广泛，学者们难以决断他的许多理论的最终形式是哪一个。

**冯特的贡献**

冯特的实验方法学的使用最终使心理学摆脱了哲学的附庸地位，同时，他反对简化主义（即心理学更适合用自然科学来解释），而使心理学区别于生理学。因此，他的研究工作使心理学真正成为一门独立的学科。

20 世纪 20 年代，一个新的心理学流派——行为主义开始盛行。行为主义反对研究心理，提倡研究行为，直到 1960 年，它一直是美国心理学的主流。近年来，心理的研究又一次成为焦点，冯特的研究工作得到了新一代心理学家的重视。

## 构造主义

E.B. 铁钦纳（1867 ~ 1927）是冯特的学生，他在美国因研究意识心理学而出名。他是一个英国人，在莱比锡大学跟随冯特学习心理学。在 1892 年，他在莱比锡大学获得了哲学博士学位，随后来到康内尔大学，在那里他建立了一个成果卓著的心理学实验室。他把跟随冯特学习的内省方法带到了美国。铁钦纳重点研究心理事件，特别是心理事件的内容。按照铁钦纳的观点，心理学研究的基本任务是探讨意识要素的性质。他想把心理分析到其组成部分，以达到能够发现心理的结构的目的。因此，他自称他的心理学理论为构造主义。

冯特认为复杂的心理现象不能通过内省的方法来研究。然而铁钦纳坚决不同意他的老师的看法，他坚持认为所有的心理现象都能在实验室里进行科学研究。

《实验心理学史》是最有影响力的心理学史的教科书之一，其作者 E.G. 波林（1886 ~ 1968）是铁钦纳的学生。《实验心理学史》初版于 1929 年，再版于 1950 年。这本书高度赞扬了铁钦纳，并提升了铁钦纳的声望。

但是，该书错误地宣称铁钦纳和冯特都认为所有的心理现象都可以用科学的方法进行研究。波林赞同铁钦纳的观点，是构造主义忠诚的信奉者。

在康内尔大学，铁钦纳指导过许多博士研究生。在35年中，共有50人在他的指导下获得了博士学位。这些博士中有1/3是女性。铁钦纳通过选择研究课题训练他的博士生，这样，他的理论观点就在他的学生中产生影响。

构造主义流行于美国心理学界数十年。行为主义心理学之父约翰·华生宣称构造主义及其方法在主观上是不能接受的。他认为，心理学只有研究行为而不是心理，才能取得客观性的成果。但是，就连行为主义也应该感谢冯特的研究工作，这不仅是因为冯特创建了科学心理学，而且是因为冯特学派的思想既可以供后人学习，又可以供后人质疑。

## 第四节
# 机能主义

在19世纪后期，当心理学摆脱哲学的附庸地位成为一门独立的学科之后不久，便诞生了机能主义心理学派。机能主义是一种研究心理学的方法，而不是一个特定的理论。机能主义心理学家认为应该从特定的目的或功能上理解心理活动的过程。

机能主义诞生之前，绝大多数的研究是基于观察和描述的基础的。机能主义心理学家认为这样做不足以使心理学成为一门有用的科学。为了使其更加适用，机能主义者认为心理学必须表明心理过程的目的是什么，以及这一过程是怎样帮助个体发挥其功能的。通常认为美国一流心理学家威廉·詹姆斯是机能主义学派的创始人。著名的机能主义心理学家还有约翰·杜威、詹姆斯·安杰尔、哈维·卡尔，以及心理学的女先驱之一的玛丽·瓦特·卡凯英斯。

## 机能主义的起源

在机能主义之前，心理学中最普遍的方法是构造主义。构造主义心理学运用冯特设计的内省法对心理的意识活动过程进行辨别和描述。构造主义者希望把意识分解为几个不同的部分，他们相信当每一个部分被识别以后，他们就能理解心理活动的过程是怎样的。

按照构造主义者的观点，内省者必须经过认真地训练并遵循严格的程序，这种程序增加了内省的难度。许多研究者发现这种方法太难而且无法预测。科学家还发现内省者报告的结果因人而异，即一个人的经历与另一个人的不一样。而作为一种有效的科学方法，任何人使用它都应该得到相同的结果。

另一个原因是人们发现了构造主义在心理学研究方法上的一个缺陷，这一缺陷与古老的哲学问题“心身分离”有关。很多个世纪以来，哲学家一直在争论心理与身体的关系，争论的焦点是：心理和身体是两个独立的实体，还是心理是身体的一部分？冯特等早期的心理学家认为，心理不是一个物质实体，心理和身体应该是分开的。心理的变化与身体的变化是相符的，但是，彼此不能相互影响。一些人认为，这个观点意义不大，心理控制身体，身体有时也影响心理，例如，当身体感到累或饿的时候，情绪就会受到影响。这些似乎是理所当然的。构造主义者认为这种相互作用是一种错觉，但是，心理和身体相互作用的观点影响很大，许多研究者决定去探讨它的真实性。

↑威廉·詹姆斯提倡通过对生活在不同文化中的人进行比较的方法，来研究他们的心理和行为。例如，通过比较研究可以了解爱斯基摩人在生理和心理上是怎样适应寒冷环境的。

19世纪后期，描述科学让路于实证科学。大多数科学家对自然选择感兴趣，并希望他们获得的知识能够得到很好的应用。到了20世纪早期，内省法已是穷途末路，因为人们已不再把它当作一种有效的方法。

**威廉·詹姆斯**

威廉·詹姆斯（1842～1910）出生于纽约市，是著名小说家亨利·詹姆斯的哥哥。他曾在哈佛大学学习，后来在哈佛大学任教，先教生理学，后教哲学。

詹姆斯根据其应该把知识和理论加以应用的实用主义哲学观点（实用主义也是他最著名的哲学成果之一）提出：一个理论具有特定的目的性才是有价值的。詹姆斯之前已经把他的实用主义的标准应用到他的心理学理论中。他的心理学理论关注不同心理过程的目的性，而不是对它们进行描述。

詹姆斯对心理过程作用的兴趣成为机能主义者发起运动的基础。在他的初版于1890年的经典著作《心理学原理》中，詹姆斯勾画了一种完全不同于当时的心理学。像构造主义心理学一样，他使用内省法作为研究心理活动的主要方法，但与构造主义者不同的是，他的心理学研究适应的过程，这种过程是有一定目的的。

詹姆斯相信每个人都有自己的需要，环境能够为之提供一定的条件。心理的作用在于调节个人的需要和环境提供的条件。他认为他的心理就是这样活动的，因为他的心理帮助他调整了周围的世界。意识具有目的性的观点使他不同于构造主义。他还认为在理解意识的作用和目的时，必须把意识当作整体，而不能像构造主义那样分解成部分。比如，想象一下，努力去掌握手表的概念，了解手表是由齿轮和发条组成的对认识手表的作用是告知时间没有什么用，要认识手表的作用，就必须观察它是干什么的，以及它与环境的关系。

詹姆斯在心理和身体相互作用的核心观点上不同于构造主义。根据他的观点，有时心理影响身体，有时身体影响心理。詹姆斯在他的著作中花费了大量的笔墨写生理学的内容（人类身体的生理功能）和它对心理过程的影响。他根据心理与身体之间相互作用的不同类别把活动分为不同的种类。例如，他认为习性和天赋是脑和神经系统的产物，伴随有限的心理输入。詹姆斯认为这是具有适应性的，因为这时的心理还可以进行其他的活动。另一方面，他认为意识、推理和自我是心理活动的主要结果（心理组织的行为）。在这两种情况下，詹姆斯说明了心理和生理是相互影响的。因此，他给机能主义找到了一种新的方法和研究的焦点——行为。而构造主义关注内部心理过程，并不认为行为与心理学有关，事实上，心理与身体的相互作用使得行为非常重要。

詹姆斯还认为心理学的研究方法应该不断地发展与完善。他相信内省法对研究意识来说，是一个有用的方法，例如，他不认为一个人必须经过严格的训练才能使用这种方法。对于报告的“事实”，只要足够仔细并具有深刻的洞察力就足够了。按照他的意思，内省法能被比较容易和灵活地运用。

詹姆斯认为实验和比较研究（把人与动物作比较）的方法也能运用到心理学研究中。虽然实验法在心理学研究中仍未被发展起来，但詹姆斯认为实验在理解人的心理与行为过程中是有用的。他还认为研究动物、儿童、处于不同文化环境中的人类，甚至是有心理问题的人，都有助于科学心理学的发展。

### 反射弧

1896年，约翰·杜威（1859 ~ 1952）作为芝加哥大学心理学系的创立者之一，发表了一篇题为《心理学中的反射弧的概念》的文章。“反射弧”这个概念被用来描述有机体对外在的反映。构造主义曾经通过分离感觉、知觉和意识的方法来解释反射弧。杜威指出，只有把反射弧当作整体而不是部分来看待时，才能恰当地理解反射弧的概念。他用一个孩子看到火苗的例子加以说明。孩子用手触摸火焰，接着她的手指被烧伤，又反射性地迅速缩回手指，由此，以后她可能就不会再触摸火苗，因为她记住了曾被烧伤的教

↑ 约翰·杜威是美国最知名和最有影响力的教育家之一，他发表了大量的心理学和哲学的学术论文和著作。他在实用主义、机能主义心理学以及进步教育方面也很有建树。

训。这一系列事件使得孩子对火苗的认识发生了从有吸引力到有危险的心理转变。从这个角度看，反射弧有一定的目的性：它能帮助人们避免危险和伤害。这说明有机体不仅仅是被动地从外部世界接受信息，而且是积极主动地操纵他们周围的环境。这一过程真正始于学习。

后来，杜威对教育心理学产生了兴趣。他提倡应以学生为中心，而不是以教师为中心。他重视学生的能力和爱好，认为教师应该扮演引导者的角色，而不应是任务的管理者。

### 詹姆斯·罗兰·安杰尔

詹姆斯·罗兰·安杰尔（1869 ~ 1949）在密西根大学接受杜威的指导，在哈佛大学接受威廉·詹姆斯的指导，但是都没有获得博士学位。后来，安杰尔跟随杜威到了芝加哥大学，并在那里建立了心理学系作为机能主义的研究中心。他的最著名的学生之一是约翰·华生，华生反对机能主义，建立了行为主义。行为主义对 20 世纪的心理学产生了巨大的影响。

安杰尔在他的著名文章《构造主义心理学和机能主义心理学与哲学的关系》中指出了构造主义心理学和机能主义心理学的不同。在这篇文章中，他批评了构造主义的主要观点，努力说明构造主义既没有用，又不能准确地理解心理过程。在没有明确目的的情况下，企图理解整个心理过程是无用的尝试。他说，脱离了整体，是不能理解部分的。虽然没有新的论点，但安杰尔努力解释了机能主义的主要观点。

安杰尔最著名的著作是《心理学：构造主义和机能主义关于人类意识研究的介绍》，这部著作包括的范围很广，主要有意识经验、感觉、知觉，还有神经系统生理学。全书通篇运用机能主义解释各种现象，努力说明心理是怎样帮助一个人适应环境的。他坚持认为心理与身体之间存在一种紧密联系和相互作用的关系，并关注心理过程的发展方式。

### 哈维·卡尔

哈维·卡尔（1873 ~ 1954）曾在芝加哥大学跟随安杰尔学习，在安杰尔成了耶鲁大学校长之后，他开始负责心理学系的工作。在卡尔的领导下，机能主义的影响达到了顶峰。

卡尔的机能主义不同于安杰尔的，因为他更关注行为。这也反映了美国朝行为心理学的研究趋向。

与其他的心理学家一样，卡尔认识到：只有研究心理学的方法是科学的，心理学才能发展成为一门真正的科学。因此，机能主义在搜集资料的过程中越来越依靠实验的方法，而内省法越来越显得不重要。实验法比内省法更为客观，因为在严格控制的实验中，不同的研究者很可能得到相同的结果，使得实验更为科学有效。

在 1925 年出版的《心理学：对心理活动的一项研究》一书中，卡尔对心理学领域进行了调查和研究，关注的主要对象是人类的行为，以及被看作有助于一个人适应环境的行为方式。每一种心理活动，诸如思维、记忆、知觉和推理，都被认为是有目的性的，能够引导行为。卡尔认为所有行为都能看作是适应行为，它是由一个刺激、对刺激的知觉和对刺激的恰当的反应构成的。

## 机能主义的贡献

机能主义从 20 世纪早期开始失去了它的影响力，到了 1920 年，行为主义在美国已经成为最流行的心理学流派。在某种意义上说，行为主义源于机能主义，因为机能主义强调行为的重要性。

与其说机能主义是一个理论，倒不如说是心理学的一种研究方法，随着时间的推移，它被应用到其他的领域。它最显著的影响是在心理能力的测量上，因为心理学家认为心理能力在预测人们在学校和工作中能否取得成功起着非常重要的作用。大多数心理学家既赞同理解心理过程的目的性是非常重要的观点，又赞同心理与身体相互影响的观点。机能主义的许多方法在今天仍然被使用。

## 第五节
## 格式塔心理学

格式塔心理学是为反对早期的试图把心理机能分开的心理学研究方法而诞生的。德文“格式塔（gestalt）”的意思是“形式”或“整体”，格式塔心理学家把心理看作是一个整体，认为人们通常知觉到整体而不是孤立的组成部分，例如，人们听到的音乐是一段美妙的旋律而不是一系列音符。20 世纪 50 年代，夫利茨·帕尔茨采用格式塔的思想创建了一种心理治疗的方法。

格式塔心理学在 1910 年创建于德国。捷克出生的心理学家马克斯·魏特海默（1880 ~ 1943）在乘火车旅行时，看到穿越铁路的闪烁光就像一个剧场的大圆顶，这引起了他的注意，并产生了一些想法。他在夫兰克特下车，买了一个叫“活动画片转筒”的图画玩具。通过研究这个玩具，他发现了形成活动图画运动错觉的条件。快速连续显示的静止物体看上去在运动，是因为脑不能把它们知觉为个别的元素，因此把它们看作是一个运动的映象。这一结果就是人们所知道的“似动”，魏特海默称之为 Φ（希腊文的第 21 个字母）现象。

↑ 这个活动画片转筒是在 1886 年制造出来的。内部的物体是由一系列表示一只鸟在飞翔的照片制成的。当活动画片转筒转动的时候，通过其周围的缝隙观看，连续出现的照片看上去就是一个单一的运动的图像。

根据魏特海默的观点，Φ 现象驳斥了以前的关于单个刺激如何被知觉的观点。他设想脑知觉到的任何刺激都是一个有意义的整体，而不是一个集合在一起的孤立资料。

## 格式塔理论的创建

魏特海默与他的两个助手，沃尔夫冈·柯勒（1887 ~ 1967）和库尔特·考夫卡（1886 ~ 1941 年），共同研究 Φ 现象，并在 1912 年发表了题为《运动知觉的实验研究》论文，认为人的行为的部分研究方法（构造主义和其他心理学家提倡的方法）是不充分的。他们三位成了德国格式塔心理学派的核心人物。

1920 年，魏特海默和柯勒创建了《心理学研究》杂志，该杂志发表了许多格式塔心理学家的核心思想。1929 年，魏特海默到夫兰克特大学任心理学教授，在那里他批评传统的逻辑形式忽视了人们在解决问题过程中所采用的知觉方式。

### 最小的努力

根据当时的知觉理论，人的感觉选择外界信息是很简单的，以至于经常意识不到感觉。例如，人对背景式的谈话是有感觉的，但没有形成知觉，因为它没有受到注意。比较早的心理学家，特别是构造主义学派的心理学家把这些现象分成单个的组成部分，诸如感觉、表象、感受。这个观点不能解释当我们把这一现象知觉为一个整体的时候，还会增加其他的意思。

魏特海默宣称一个观察者的神经系统把接收到的刺激组织成一个整体或格式塔，而不是努力知觉成许多单个的映像。脑寻找一个捷径，把各种刺激组织成信息包，就像我们把一个种类的所有文件放到一个文件夹里，或者一个假期的所有照片都放在一个相片簿中一样。魏特海默和柯勒认为脑把各类知觉组织成一个整体是神经系统组合功能的反映。

现代神经心理学对格式塔的“关于脑是怎样进行组织的”这个问题提出了挑战。虽然我们现在已经知道神经纤维的结构限制了它们的功能，但是还没有找到魏特海默和他的同事所相信的事物整体模式的证据。另一方面，困惑格式塔心理学家的“关于我们的知觉现象是怎样的”许多问题是我们理解现代知觉和心理理论的中心。

魏特海默的组织原则被称为“简明性”，意思是当一个物体被看作是整体的时候，花费的思维能量是最少的。可以用这一理论来解释人的一些情况或现象。例如，对于一组足球队员，将其看成一个球队比看成单个运动员容易。如果一个人在同一时间里思考多于一个球队的时候，这个概念会被看得更清晰：从心理上来说，把运动员看作两个或三个队的整体要比把他们看成是许多单个的运动员容易得多。

**格式塔和社会心理学**

格式塔理论的另一个核心观点是对象与背景。例如，在一幅油画中，格式塔理论认为风景和人物是整体画，而不是单个的（例如人物是重要的）。格式塔心理学家把单个人看作是与其他人形成的社会关系背景中的人，一个人不仅仅是他自己生活的一部分，他也在其他人中间。当一组人在一起工作的时候，他们很少脱离整体而独立存在。

根据魏特海默“只有在非常特殊的条件下，个人才会单独站出来。接着，旧的平衡可能被破坏，并重新建立新的平衡”的观点，他的“关于我们是怎样与组相关”的观点得到了一些跨文化心理学研究结果的支持。

## 美国的格式塔心理学

纳粹在德国的迫害，最终迫使魏特海默、考夫卡和柯勒逃往美国。在接下来的 20 年中，他们出版了很多格式塔理论的书籍，并把格式塔的研究方法扩展到知觉、解决问题、学习和思维领域中。考夫卡继续进行最初的知觉研究和探讨儿童早期的行为发展模式。柯勒开展了关于黑猩猩的重要研究，探讨黑猩猩是怎样学习、思维和制造工具的，他指出，黑猩猩在计划行动中显露了一定的悟性。由于他的努力，格式塔的思想被其他心理学派广泛接受。

## 格式塔治疗

格式塔治疗反映了格式塔理论的中心思想，比如闭合的需要。它是一

↑ 格式塔治疗可以是面对面地讨论，如图所示，也能以小组的形式开展，在小组中鼓励个人互相倾诉他们的感受。

种人本疗法，努力把知觉的原则应用于一个人的生活经验中。格式塔理论强调个人的整体观，关注整个人和来访者的自我感受，就像一个“格式塔”是一个整体或模式，这个整体或模式必须突出，而不是知觉领域或背景，因此，格式塔疗法鼓励个体内省自己，而不是他们自己生活和经验的背景，要思考整体印象而不是简单地思考他们的内心感受。格式塔治疗对个体认识自己是有效的。患者经常被要求重新回忆未实现的决心和心理创伤的经历，并要求说出重述以后的感受。通过诉说他们的感受，他们会感到自己已经拥有了一些经验，并学习怎样去应对。

德国心理学家夫利茨·帕尔茨（1893 ~ 1970）和他的妻子劳拉（1905 ~ 1990）在20世纪50年代发展了格式塔疗法。帕尔茨将心理疗法的任务看作这一领域中对于形（患者）与境（体验或者经历）之间区别的一种强调，或者一种完整的形态（多元的完形或多元的格式塔），这能够反映患者的需求。

根据帕尔茨的理论，一个健康的人会将体验组织分化成良好的完形，因此能够清楚地理解，并且区分出一种感觉及其来龙去脉。个体随后就能决定作出一种适当的反应。例如，身体缺水的人将意识到格式塔是渴的并且要得到水。一个已经意识自己发怒的人，可能会在其他人面前有两种反应：或者表露出怒气，让其他人意识到；或者以其他的形式释放出来。一个没有意识到的人可能压抑感受并因此遭到挫折。一个患神经官能症的患者不断地受到多个格式塔信息的干扰，拒绝承认在特定的时间里他的感受怎样，他不能有效地解决问题，因为他打断和回避了一个有关格式塔的信息。

## 格式塔的贡献

今天，格式塔理论在心理学领域的影响已不是很突出，因为它的许多发现已经被更新的观点所吸收，但在心理学史上，格式塔运动对较早期的研究方法起到了重要的纠正作用。视知觉领域是一个特殊的例子，在这方面人们将魏特海默的知觉原则作为标准。格式塔理论对内省疗法的思想产生了深刻的影响。

## 第六节
# 精神分析

弗洛伊德在 100 多年前创立了精神分析理论，它一直对心理学和西方文化产生持续的影响。现在，精神分析的一些早期观点并不像过去一样流行或者被广泛接受，并且很少有心理学家仍然相信弗洛伊德所说的都是正确的，但是精神分析对现代心理学家思考心理与行为仍然有很大的影响。

当我们使用“精神分析”这个术语的时候，我们实际上是在谈论两件事。

第一，精神分析是有关人类行为的一个特别的理论。精神分析理论认为，所有的人类行为都是由某种动机引起的，但是，动机经常隐藏在个人的潜意识里。潜意识动机的观点是精神分析区别于其他人类行为理论的主要概念之一。

第二，精神分析是指一种心理治疗或心理咨询。当人们情绪沮丧或遇到麻烦时，可能接受精神分析的治疗或咨询。精神分析治疗来源于一般的有关行为的精神分析理论。治疗师力图找到是什么种类的潜意识力量使得来访者沮丧或不愉快，例如，是什么促使一个男孩子打或者伤害他的刚出生的弟弟？是什么使一个妇女不能在亲近的关系中遵守承诺？

## 弗洛伊德理论的起源

在早期的精神分析中有几个主要人物，他们中最重要的是开创者西格蒙德·弗洛伊德（1856 ~ 1939）。

西格蒙德·弗洛伊德于 1856 年 5 月 6 日出生在现在的捷克共和国，他一生中的大部分时间生活在奥地利的维也纳。由于他是犹太人，为了逃避纳粹的迫害，他最终被迫逃离维也纳迁居伦敦，于 1939 年 9 月 23 日在伦敦去世。

当弗洛伊德还在医学院学习的时候，由于对“歇斯底里”的兴趣，他去法国向医生吉恩·马丁·沙可（1825 ~ 1893）学习用催眠术治疗“歇斯底里”（弗洛伊德后来拒绝使用催眠疗法，但是仍对研究“歇斯底里”感兴趣）。当他回到维也纳时，与一位名叫约瑟夫·布鲁尔（1842 ~ 1925）的内科医生一起工作，布鲁尔用谈话的方法治疗“歇斯底里”患者已经取得了成功，这种方法是与病人一起讨论可能忽略的病因。

弗洛伊德常常治疗一些奇怪的和莫名其妙的情绪失调病人，这些情绪失调似乎不是由某种疾病或伤害导致的，常常是癔病的表现。弗洛伊德认为这些病人在生理上是健康的，但他们遭遇的痛苦也是真实的，这种痛苦可能是由一些隐藏在背后的心理问题引起的。他询问病人关于情绪和人格的经历，努力找到引起他们问题的原因，用这种方法，他发展了他的精神分析的观点。随着时间的推移，他把关于人的行为的不同观点系统化，形成了著名的精神分析理论。

精神分析理论是一个理解人类行为的复杂系统，但是运用三个重要的原则就比较容易理解。

第一个重要原则是潜意识力量驱动着大多数人类行为。这意味着人们一般是意识不到他们行为的原因的。即使人们认为他们知道他们行为的原因，一个精神分析的心理学家也会说他们是错误的。

第二个重要原则是过去的经验形成了一个人当前行为的方式。按照精神分析的观点，发生在过去的事（特别是在童年时代）能够对一个人对现在和未来事件的反应造成很大的影响。

第三个重要原则是精神分析提供了一种方法，这种方法有助于使人变得愉快，更加舒适地生活。通过精神分析的治疗，通过帮助患者驱动他们的潜意识力量理解他们生活早期经验的影响，使患者能够应对沮丧和挫折。

## 弗洛伊德理论的信条

弗洛伊德和布鲁尔都迷恋上挖掘病人的私生活。弗洛伊德认为这样做不仅能够更好地去理解究竟是什么在困扰着他的病人，而且能够找到其他人行为背后的原因。弗洛伊德理论的一个代表性的原则是人类行为背后的动机力量是性的无意识力量。他认为所有的人包括儿童在内，都有强烈的性冲动，这种性冲动不仅驱动着性行为，还驱动着人类所有的行为。对个人来说，这是遭受困扰的主要来源，因为有些性行为是社会所不能接受的（当然，在儿童中和成人在特殊场合例外）。弗洛伊德认为，这种性冲动与社会生活的现实是有冲突的。冲突的结果决定了一个人的行为和他日后的人格。

↑ 1882 年，西格蒙德 · 弗洛伊德在维也纳的一所普通医院中进行医学实习。

不难想象，在弗洛伊德生活的年代，他的理论中有关性的方面在整个社会产生了很大的震撼，因为在那个年代，关于性和性能力的讨论是人们所忌讳的。即使在今天，他的理论仍受到广泛的批评，主要是由于他坚持认为儿童也有性动机（尽管他们是潜意识的）。

根据弗洛伊德的观点，人类行为还有其他两种重要的动机，他分别称之为阿尼玛和阿尼玛斯，代表生的本能和死的本能。弗洛伊德增加死的本能是在第一次世界大战之后，当他修改他的理论时，包括了生和死之间的压力，死的本能被侵略和自我保护的欲望所代替。

弗洛伊德理论的第二个重要原则是心理生活的动力来自于身体和心理之间的能量。弗洛伊德认为人格可分为三个鲜明的意识水平。人格的第一部分是意识，它与人的思想和情感有关，人在清醒的时候一般都能意识到。人格的第二部分是前意识，它是由记忆和思维组成的，当下意识不到，但能将其存储起来。人格的第三个部分也是弗洛伊德认为最重要的部分是潜意识，在潜意识中存在愿望、欲望和不能被意识到的动机。

**本我、自我和超我**

弗洛伊德认为人格是由管理动机力量的不同结构组成的，他分别把它们叫作本我、自我和超我。本我在拉丁语中是指“它”，自我的意思是“我”，而超我的意思是“超过我”。弗洛伊德认为动机源于本我，处于潜意识之中。在本我中有冲动、动机和欲望。弗洛伊德论述说，本我根据“快乐原则”行事，它的主要任务是通过释放隐藏在人们背后的能量，满足人的冲动和欲望，从而达到快乐。自我是人格的一部分，它通过有意识地努力、计划，使本我能够释放它的能量和满足它的冲动。自我是理性的和可操作的，弗洛伊德用“现实原则”来说明欲望和冲动能够实现，但只能以特定的方式来实现。自我使个体避免做那些只要快乐而不分场合的事。超我是一个结构，它强迫自我避免允许本我满足冲动。它是意识和潜意识的结合，被比作一个人的良心。即使自我认为某种满足本我的方式不会给个体带来更多的麻烦，超我也要确保个体的行为与社会对他或她的期待保持一致。

弗洛伊德认为人格发展来自于这些潜意识的冲突和它们的结果。本我快乐的欲望受到父母和社会强加于他的规则的约束。随着从婴儿成长为成人，他们的身体快感的转变经历了五个性心理发展的阶段：口唇阶段、肛门阶段、性器阶段、潜伏阶段和生殖阶段。每一个阶段都包括满足愉快欲望和必须遵守真实世界规则之间的冲突。当冲突顺利地解决了，人格就能健康地发展；如果冲突没有解决，个体在以后的生活中就会产生障碍。

**口唇和肛门阶段**

根据弗洛伊德的理论，在第一即口唇阶段（婴儿期），个体的性快感是通过嘴吸吮与获取营养的行为来满足的。这一阶段的冲突产生于断奶的过程（脱离乳房或奶瓶去吃固体食物）。这个阶段的冲突如果不能解决，可能导致形成高度依赖性或者具有攻击性的人格特点。

在第二即肛门阶段（刚过婴儿期），快感来源于排便。这一阶段的冲突产生于厕所训练和儿童学习控制他们的肠道运动的方法。这个冲突会给随后的生活带来过度讲究（肛门克制型的）或者马虎懒散（肛门驱除型的）的行为方式。

**性器阶段**

在第三即性器阶段（儿童早期），生殖器成了获取快感的对象，生殖器的区域成了动欲区。这是伴随对异性的吸引而产生的。根据弗洛伊德的理论，性器快感是不成熟的，并且由于儿童通常大部分的时间围在他们的父母身边，他提出，一个幼小儿童爱的自然对象是其异性的父母。他把它称之为俄狄浦斯情结。俄狄浦斯是由古希腊的奈福克勒斯（生活于公元前 5 世纪）创作的悲剧中的人物，他无意间杀死了自己的父亲，然后娶了自己的母亲。在性器阶段，成功地解决这一冲突，将使儿童顺利地认同自己的同性父母而不会产生其他问题。不能解决这一冲突，将导致其在后来的生活中产生性的问题。

**潜伏和生殖阶段**

按照弗洛伊德的说法，一般在 6 ~ 12 岁，当儿童有意识地进行社会调节时，潜意识的冲突就减弱了。这称为潜伏阶段，因为潜意识的发展冲突是潜伏的或隐藏的。最后即生殖阶段，发生在青少年期，即当儿童开始对其他年龄相仿的人产生性爱的时候。在这个阶段，儿童与“知觉的爱”做斗争，当他们注意的焦点离开父母而转向与其他人建立朋友关系的时候，即产生了冲突。弗洛伊德认为成功地解决这一冲突对于发展健康的成人关系是很重要的。

**防御机制**

防御机制构成了弗洛伊德理论的另一个重要部分。正如我们已经看到的，自我的任务是计划能够让本我实现它的欲望的方式。然而自我对于本我来说总是脆弱的，因为存在于本我内部的欲望和动机是强大的、极难控制的，并且随时可能设法逃脱。而且，自我不得不与超我争夺控制权，如果自我允许本我以它自己的方式行事时，超我能够惩罚自我。防御机制的发展是自我保护其免受本我和超我伤害的一种手段。一些防御机制阻止了寻求满足的本我冲动，另一些防御机制则被用来以相对没有伤害的方式满足它们。弗洛伊德相信这些防御机制随着一个人的逐渐成熟，通过各种心理性欲阶段而发展起来。

弗洛伊德描述的大免疫防御机制是压抑：一种用于将冲动保持在自我状态中，避免冲动逃逸的力量，就好比给一壶沸腾的水加上一个盖子。压抑需要努力和能量，并且不是总能奏效的。它不易控制，例如，当一个人正在睡觉（弗洛伊德因此相信梦包含了来自潜意识的材料）时。有时它也会失败，例如，当一个人清醒和全神贯注的时候。弗洛伊德认为这些失败的发生就像“滑舌”，即当一个人想说一件事时却意外地说成了另一件事，这便揭示了一个潜意识的动机。

其他的防御机制包括投射：观察其他人的行为模式或特质时与自己潜意识冲动一致的趋向（例如，认为其他人被性迷住了的人，实际上是他们自己在潜意识里被性迷住了）。移置允许人们实现的本我冲动，但要改变对象（例如，一个对自己老板生气的人可能会去踢废纸篓）。反向形成是把一种不能接受的冲动转变成另一个极端（例如，恨变成了过度保护的爱），升华则是把一个不能接受的冲动转变成能被社会接受的冲动。弗洛伊德对病人的治疗目标是使其获得一种关于他们自身条件的洞察力，这种洞察力将缓解病人的症状。

**精神分析疗法**

弗洛伊德根据他的行为理论对各种病人进行评估。他相信病人表现出歇斯底里是因为他们不能恰当地解决他们成长或生活过程中某一个阶段的冲突。为了治疗这些病人，弗洛伊德需要看到存在于病人潜意识中的东西。当然，病人自己不知道存在于潜意识的是何种东西。因此，弗洛伊德使用了一些方法努力抽取信息。因此，由弗洛伊德发展并实践的精神分析疗法是花时间的过程：对大多数病人的分析需要花费几年的时间才能完成。

精神分析疗法的基本方法是谈话。弗洛伊德认为治疗师必须对病人相当了解，以理解他们曾经经历的事件对他们会造成何种影响。因此，治疗师和病人长时间地谈论病人的过去和生活，回顾许多重要的但似乎不相关的经历和记忆。对病人来说，它们可能是琐碎和不重要的，但事实上，病人能够记住它们就意味着这些事件可能与重要的潜意识动机相联系。

弗洛伊德花费了许多年发展他的理论。例如，关于潜意识、前意识和意识的观点，早在他的本我、自我和超我的理论提出之前就形成了。类似地，当他提出关于儿童早期阶段的性力理论时，他的关于人格发展的观点也已经基本形成。

## 追随弗洛伊德的理论家

西格蒙德·弗洛伊德有许多追随者，他们中的一些人忠诚于他，而另一些人批评他的工作并提出他们自己的理论。在精神分析方面的领导者包括弗洛伊德的两个同事艾尔弗雷德·阿德勒和卡尔·荣格，还有梅兰妮·克莱英（1882 ~ 1960）。杰出的人物还有弗洛伊德的女儿安娜（1895 ~ 1982）和艾里克·艾里克森（1902 ~ 1994），他们两人在弗洛伊德去世以后，发展了精神分析学说。

安娜·弗洛伊德不仅是实践的精神分析家和她父亲的继承人，而且她对精神分析科学做出了重要贡献，她发展了她父亲的关于“自我和防御机制”的观点，并提出了系统的儿童精神分析。

艾里克·艾里克森对精神分析学说的发展也做出了不朽的贡献。他更详细地探讨了自我的功能，并将儿童的社会相互作用作为基础，提出了他自己的人格发展和变化的理论。在某种意义上说，不能将艾里克森严格地定位为一名精神分析学家，因为他的理论和观点趋向于偏离弗洛伊德和后来的精神分析学家的理论和观点。然而，他的工作深深地植根于传统的精神分析，并且对后来的心理学理论和实践产生了重大影响。

**梅兰妮·克莱英的理论**

梅兰妮·克莱英是弗洛伊德早期最有影响的追随者之一，她后来提出了自己的观点。直到 1918 年，在匈牙利的巴德派司特的一个会议上，克莱英听弗洛伊德演讲时才见到他。这给她的印象很深，她决心成为一名儿童心理分析学家和儿童精神分析治疗的终身的捍卫者。从 20 世纪 30 年代开始，克莱英系统地提出了自己的观点，这就是物体相关的精神分析理论。

↑ 这张照片是梅兰妮·克莱英在 1957 年拍摄的。她是首先把弗洛伊德的理论应用于儿童和在心理治疗中使用“心理剧”的精神分析学家之一。

克莱英采纳了弗洛伊德潜意识驱动（本能）的观念，但是她不同意弗洛伊德宣称的驱力的对象是可以交换的。弗洛伊德认为寻求满足的基本驱力并不依赖于特定的对象。例如，食物不是口唇驱力满足的必需品，烟也能起到同样的作用（弗洛伊德本人就是一个严重的嗜烟者）。然而，对克莱英来说，一个特定的驱力总是和一个特定的物体联结在一起。驱力不能和它的满足物质分离。例如，口唇驱力总是与食物相联系。然而，因为幼小儿童的心理还不成熟，婴儿对物体的满足总是部分地，而不是全部。例如，当婴儿寻求口唇满足（通过口唇驱力）时，他们不是和母亲整个人相联系，而是仅与母亲的乳房（或奶瓶）相联系。克莱英进一步说，部分的对象在儿童的心理中，总是天然地被分开。当婴儿经历了把乳房作为满足的对象时，乳房被知觉为好的物体。但是如果乳房不在的时候，婴儿需要食物，那么婴儿会把部分的物体知觉为不好的。

其他心理学家也加入到克莱英的行列，参与发展客体关系理论，该理论将个体与人们的关系、与一部分人的关系，以及一个人或者另一个人的象征意义看作生活的中心。这些关系影响对其他人的依恋的程度，也影响对自己的依恋程度。

**自我心理学家**

弗洛伊德的女儿安娜（1895 ～ 1982）认可他父亲的基本观点，但是，她对自我而不是本我的作用有着特别的兴趣。这种关注自我始于被称作自我心理学的运动。这场运动是由海英茨·赫特蔓（1894 ～ 1970）和艾司特·克瑞斯（1900 ～ 1957）发起的。他们是在第二次世界大战期间为了逃避纳粹的屠杀，而从欧洲逃到美国的许多精神分析学家中的两位。

赫特蔓和克瑞斯相信弗洛伊德关于人格的大多数重要发现是本我、自我和超我之间的不同。像安娜·弗洛伊德一样，他们争辩道，自我比本我和超我更重要。他们认为自我包含一个“冲突—自由范围”，并且自我不仅仅是本我与超我之间的仲裁者，而是使用策略控制它们。

根据自我心理学家的观点，病人之所以会产生心理问题，是因为他们有一个弱自我，或者因为他们的自我不能应付本我和超我。精神分析学家能通过使病人的自我更有力量和使他们有信心适应环境，来帮助他们解决问题。精神分析治疗家以他们自己为榜样，为病人提供一个坚强的、适应良好的自我的例子，从而实现治疗的目标。自我心理学家相信，精神分析学家能够提供一个强的人格来替代病人的弱的人格。

## 苛哈特的自恋理论

现代精神分析中的传统的自我心理学源于海英茨·苛哈特（1913 ~ 1981）的著作。苛哈特出生于维也纳，并在那里接受教育。他于1938年在家乡的一所大学获得了医学学位。20世纪40年代早期，他在芝加哥定居，在那里他作为一名神经学家和精神病学家继续接受训练。后来他成了一名有声望的精神分析学家。1964年，他当选为美国精神分析协会的主席和国际精神分析协会的副主席（1965 ~ 1973在任）。苛哈特不同意自我心理学家的观点。他认为自我心理学太严格，并且不能把精神分析看作是提高病人适应环境的技术。与对象关系理论家一样，苛哈特更加依靠人的关系去努力发展他的精神分析理论。但是不像许多与他同时代的人，他没有使用"对象"这个术语来描述环境中的人和事，而是使用它去描述人们是怎么思考环境中的人和事的。因此，苛哈特称之为"自我对象"，也就是说，由自我体验到的自我内部的对象。例如，了解人们如何看待他们的父母比了解他们的父母是谁更重要。

苛哈特用自我对象描述了发展的一般阶段和病理学的各种不同形式。他认为正常儿童发展的一个核心或者一个中心是：自我作为一种物质的结果，与他们的环境是密切相关的。这种核心自我包括两个方面：夸张的（自我陶醉的）自我，它使儿童觉得他们自己是完美的和杰出的，而关于父母的一个理想形象使得儿童又认为其他人是完美的和杰出的。苛哈特认为，心理问题可能被解释为自我内部的冲突。弗洛伊德使用俄狄浦斯情结解释心理的冲突，苛哈特则用古希腊关于年轻的水仙花的神话来解释——水仙花神对她自己的影子爱慕不已。因为自我是一个主观的经验（自己的意识），苛哈特不同意传统的精神分析学家把它看作是一个远距离的物质映像，他认为分析家必须是温暖的、敏感的和共情的（和病人打成一片）。这些革命性的新观点不能被在20世纪70年代期间建立的正统派的精神分析所接受，然而，他的理论在美国，特别是在芝加哥精神分析研究所还是流行的。

## 关系精神分析

精神分析最新的发展之一是史蒂芬·米歇尔（1946 ~ 2000）在威廉姆阿伦森怀特精神病学研究所的工作，以及在纽约和纽约大学的精神分析和心理学研究所的工作。米歇尔通过观察发现，在现代精神分析中，存在许多不同的理论。他认为这些理论可以分到两类中的一类中去：他们或者是支持弗洛伊德的驱力（本能）模式，或者是支持强调被试者之间的关系模式。

米歇尔的工作经常被描述成综合的关系模型。像对象关系理论家一样，米歇尔认为，弗洛伊德的驱力模型过多地基于个人的关注点。这就意味着不能解释人们为何卷入到与其他人的关系中。米歇尔认识到精神分析学家不强调彼此之间的一致，因此，他提出这一新的模型去综合各种精神分析的关系理论。

### 关系模型

在米歇尔的理论中，最重要的一个概念是关系模型。它是指一个典型

↑ 这是由约翰·威廉姆·沃特浩斯在 1903 年画的一幅油画——《回声和水仙花》。根据神话传说，水仙花爱上了自己在水池中的影子。精神病学家苛哈特用这个古希腊神话说明他的理论，即儿童发展中一种夸张的或者是自我陶醉的自我。

的人类相互作用的模式，包括自我、对象（一件事或另一个人）和可能的自我和对象的关系。米歇尔使用关系模型的概念，以一种新的方式解释许多传统的精神分析的话题。例如，他认为性力不应该被理解为仅仅发生在个体身上的某些东西，而应该在关系中理解它的意义。

米歇尔相信对象关系理论和自我心理学可以相互受益。在临床工作中，他把这两个具有远景的领域结合起来。他把心理问题看作是差的关系和不健康的自恋的结合。米歇尔说，心理治疗师应该关注病人的关系需要，并帮助他们创造与其他人更加稳定和丰富的关系。米歇尔一直为他的理论而工作，直到他在 2000 年 12 月突然去世。他的学生继续发展他的研究工作。

## 今天的精神分析

如今的精神分析的种类比上面论述的要多得多。例如，由哈瑞·斯艾克·苏里文（1892 ~ 1949）引进的人际关系精神分析，由伊瑞克·弗洛姆（1900 ~ 1980）发展的人文主义的精神分析，由罗叶·斯克夫提出的精神分析。荣格和阿德勒的研究理论在世界的许多地方仍很流行，人们偏爱荣格的分析心理学和阿德勒的个体心理学，而不是精神分析。

所有这些心理学家在关于心理是如何工作的和如何在实践中运用精神分析的心理治疗等方面有着不同的观点，因而彼此间表现出强烈的互不认同。然而，尽管他们可能批评弗洛伊德，但是弗洛伊德的理论和观点仍然在鼓舞着他们。

精神分析的理论是有争议的，这种争议的主要焦点涉及儿童期的性力的概念和发生在人格发展过程中的事件。弗洛伊德关于俄狄浦斯情结的描述已经受到了多方面的攻击，主要是因为他没有详尽地讲述年轻女性在发展过程中的经历。弗洛伊德的大部分著作都是关注年轻男性的经历，而关于年轻女性的多数论述或是不完全，或是让人感到很模糊。

精神分析遭受的更大批评是缺乏严格的科学根据。虽然弗洛伊德认为他是一个观察者，并且准确地报告了他的观察结果，但是，在他的工作中，没有遵循传统的科学方法。他没有提出假设，也没有独立地进行检验。他的大多数来访者是中产阶级的妇女。他既没有使用标准的仪器，也没有使用量表对她们进行测试。他秉持自己的观点与病人进行交谈，这种方法可能有启发作用，但不能称得上系统和科学。因而，一些批评者认为，弗洛伊德的所有理论都值得怀疑。虽然出现了这么多的批评意见，但弗洛伊德的工作依然吸引着心理学家的兴趣，许多心理学家仍然在实践他所提倡的方式。

弗洛伊德的影响在研究中仍能感受到。一些研究者目前正在研究如何检测防御机制。某些证据已经表明，这些机制的确存在，尽管它们在重要性方面可能不同于弗洛伊德最初的描述。弗洛伊德对流行文化也有持续的影响，例如，精神病学家使用笔记本和病床的观念来源于弗洛伊德的实践。弗洛伊德认为儿童期的经验与梦的意义息息相关的观点，也已经为人们所广泛接受。

# 第二章

# 认知心理学

## 第一节
## 注意与信息加工

你现在正在干什么？你在阅读这些文字。但即使在阅读时，你的感官也会接收到周围的信息。尝试思考一下你现在所能看到、听到、闻到和触摸到的一切。你仍能够集中注意力于你阅读的内容吗？你的注意力分散了，你发现很难顺利地继续阅读。这表明了注意和信息加工在执行日常事务中的重要性。

考察一下交通高峰时的十字交叉路口，我们发现交叉路口如果无法处理交通流量，很快就会形成堵塞。当只有一辆汽车行驶时，交通会非常畅通。你的心理情况同此相似。现在选择关注这一页的语句，你的大脑也很容易加工这一单个的信息源，因此很容易理解。如果你试图思考感官收集到的其他信息，情况就变得复杂，大脑的加工能力有限，你无法同时加工所有的信息，就像交叉路口一样。

经常乘汽车的人常常会谈到交叉路口的瓶颈问题。心理学家也用这一词汇来描述大脑有意识地加工信息能力的有限性。我们怎样来应对这一局限性呢？

你也许会认为，当你阅读这一章时，周围的事物都是无关的，甚至是分散你注意的事物的，你就干脆忽略它们。也就是说，你使用注意从一大堆构成注意瓶颈的信息中仅仅选择相关的信息，同时忽略其他一切信息。

美国著名哲学家威廉·詹姆斯（1842 ~ 1910）将注意描述为“利用心理占据几个可能思路中的一个”。但我们怎样选择哪些该注意、哪些该忽略呢？我们有足够的资源来分散注意吗？或者说，如果采用迫使我们仅选择一种事物的模式，我们的注意是不是很有限呢？

想象一下你正在观看你最喜爱的电视节目。此时，有人试图与你聊他当天的见闻。你选择聚精会神地看荧屏上表演的内容，尽管你假装在倾听，甚至也听懂了一部分，但你不能完全集中精力于这个人所说的内容。

关注某件事而忽略周围的其他事涉及选择性注意。选择性注意能够让你选择某一件事来占据你的心理。但如果你的注意偏离电视节目去关注他人突然所说的让你感兴趣的事情（如付钱），你的注意又会怎样呢？你也许会发现自己处于相似的境地，并因选择性耳聋而受到指责。这表明，心理在某些境况下能够关注不止一个信息源，但有时又选择不这样做。

## 听觉注意

选择性听觉的研究成果已经解答了我们对如何集中注意的诸多疑问。我们的生活充满着各种声音，如果没有选择性注意，要弄懂并利用任何一种声音都是不可能的。

为了对此进一步做出解释，大多数研究人员使用了双耳分听任务的方法，即被试者戴上两个耳机，并且每只耳朵同时分别听不同的信息，只需要被试者对其中的一个信息做出反应，同时忽略其他信息。柯林·切利的遮蔽实验是双耳分听任务的典型例子。

切利的实验结果回答了有关集中注意这一重要问题。大脑是在什么时候选择其注意的信息呢？大脑是在集中注意之前就加工了所有信息，还是首先对信息做出选择，把其他信息留在数据瓶颈里不做加工呢？

↑ 边看电视边聊天——这两件事情尽管在本质上相似（两者都涉及看和听），可以同时进行，但任何人都不能集中精力同时做这两件事。

双耳分听研究表明，大脑在做大量信息加工之前就选择了信息。在切利的实验中，被试者对未注意的信息知之甚少。这表明大脑在信息加工早期就对信息进行了选择。

1958 年，英国心理学家唐纳德·布罗德本特在这一证据的基础上发展了一种早期注意选择的理论。他把这一理论叫作过滤论。这一理论的基本观点是：当感官信息到达瓶颈时，大脑就必须选择对哪个信息进行加工，而在此之前，大脑未对任何信息进行加工。

布罗德本特认为，感官过滤器会基于信息的物理特征来选择该信息以对其进行进一步的加工，如声调和位置。正如通过过滤器的咖啡会留下沉淀物一样，被选择的信息也会通过过滤器，把不需要的东西留在瓶颈里。在瓶颈里，信息无法得到进一步的加工。布罗德本特的过滤理论解释了双耳分听任务实验的发现。例如，在遮蔽任务中，两个信息都会到达感官过滤器，然而只有目标信息在位置的基础上被选择。这一理论也解释了切利关于集中注意于众多谈话中某一个谈话的实验。

## 核查姓名

现在想象你在参加一个酒会，而且精力完全集中于你参与的对话上。突然，有人提到你的名字，你的注意会立即发生转移。你改变主意的原因不是因为你听到信息的方式，而是你听到的信息的内容。布罗德本特认为，信息在到达感官过滤器之前未经过任何处理。如果真是这样的话，那么，我们为什么会对另一个随之而来的信息做出反应，进而改变主意呢？

布罗德本特的观点是建立在这一观察的基础之上的，即被试者没有有意识地觉察到未被注意信息的意义。那么，意义是否在有意识的觉察之外得到处理了呢？1975 年，心理学家埃尔沙·万·莱特、鲍尔·安德森和埃瓦尔德·斯迪曼呈现了一组单词给被试者，其中一些单词伴随着轻微的电击。结果发现，即使面对遮蔽实验中未被注意的信息，被试者对伴随着电击的单词也能做出下意识的生理反应。这一实验的推论很清楚：尽管被试者没有意识到听到了这些单词，但他们在大脑的某个地方理解了单词的意义。

布罗德本特理论的核心是：只有经过过滤器选择的信息得到了处理，其他信息才都会被忽视。然而，我们可能会在意义的基础上改变主意，例如，我们听到自己的名字。莱特和其他人的实验也表明，大脑一定在某种程度上处理了未被注意的信息，尽管人没有有意识地觉察到这一处理的发生。

布罗德本特的过滤理论在认知心理学的发展中具有巨大的影响。然而这一理论也有问题（不够灵活）。我们可以依赖信息的意义转移注意，也可以对意识之外的信息进行加工。尽管这一理论有很多的优点，但它不能解释这些事实。

## 衰减理论

为了克服种种局限性，普林斯顿大学的心理学教授安妮·特雷斯曼发展了一种新的关于选择注意的衰减理论。特雷斯曼保留了在注意瓶颈上有感官过滤器的观点。然而她解释道，这一过滤器更加灵活，对信息的物理特性和意义都有依赖。而且，她否定了布罗德本特关于未被注意的信息会被简单地忽略的观点。相反，她认为，这些未被注意的信息是衰减了，或者说减弱了，因此，被加工的程度也减弱了。然而，这一加工衰减得如此之弱，以致实验参与者没有意识到，除非信息的意思非同寻常。

特雷斯曼的理论不仅可以解释莱特和其他人的发现，而且解释了人们基于信息意思转移注意的能力。

布罗德本特和特雷斯曼的理论都认为，感官信息一进入大脑，注意瓶颈就会在大脑对信息加工之前出现。

另一个假说认为，大脑对信息做出选择之前就对接收的所有信息进行了处理。心理学家J. 多伊奇和D. 多伊奇在1963年提出了一个观点，即所有信息只有经过大脑完全处理后，我们才能意识到该选择哪条信息。这一选择注意的"后期理论"也能解释莱特的发现和人们转移注意的能力，但与特雷斯曼的理论相对立。

后来的研究表明，早期和后期选择注意理论之间的差异也许需要彻底改变。因为注意运行的方法是可变动的，信息选择的方法也取决于具体环境。例如，当输入的信息都相似，输入速度较慢，而且无须对信息加工的本质或者方向做决定时，后期选择理论也许更正确。相反，没有以上因素影响时，更正确的也许是早期选择理论。

## 搜索

到目前为止，我们对集中注意的讨论已经探讨了利用大脑有限的信息加工资源从感官不断接收的大量信息中选择何种信息的方法。但是如果你要搜索某个具体的事物又会怎样呢？在某个环境下搜索一个你并不清楚在哪里的事物，如在繁忙的机场寻找你要迎接的亲戚或在拥挤的酒会上寻找你想相聚的朋友，你怎样才能从眼睛所看到的人群和信息中筛选出你要找的亲戚或朋友呢？你要克服哪些困难呢？

心理学家使用"视觉搜索"的实验回答了这些问题。在继续阅读之前试着做上面两道视觉搜寻练习题。毫无疑问，你的结论是：找到字母O比找到字母T容易。为什么会这样呢？因为字母T和字母L有相同的特征，即都有一条横线和一条竖线，唯一的区别是两条线相交的地方不同；而字母O

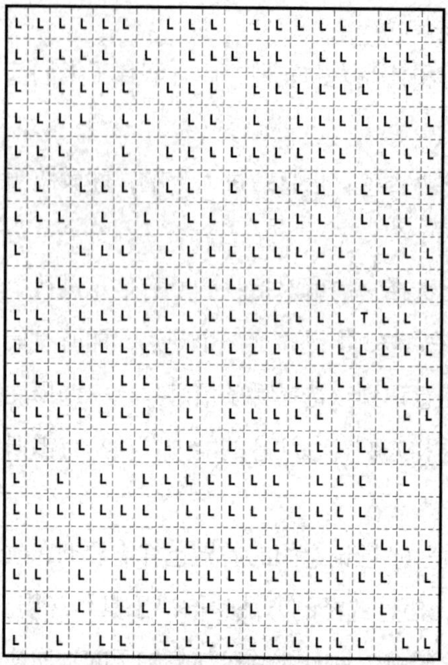

↑ 试着找出字母T，找到后再看右表。

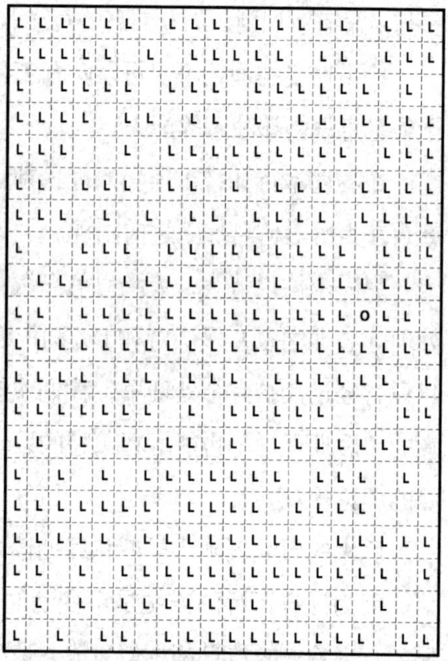

↑ 试着找字母 O。你会发现比左表容易，因为与周围的 L 相比，字母 O 比字母 T 更加突出。

和字母 L 没有相同的特征，因此容易找出来。

## 特征整合理论

对诸如此类的问题，有人认为目标字母会从周围字母中“跳”出来。这一用来解释视觉搜索和其他发现的主要理论是由安妮·特雷斯曼在 1986 年提出的，被称为特征整合理论。

特雷斯曼的理论认为，当你看见一个视觉情景时，你就会创造出描绘此种情景的一系列“地图”。例如，当你看见本书中的字母表时，你就会创造一个地图，标明所有的横线在哪里、所有的竖线在哪里等。如在字母 L 里有字母 T 的情境中，你必须在心里搜寻这个地图，把每一个位置的横线和竖线都结合起来，直到找到不同的那个字母。而对于在字母 L 中找到字母 O，由于没有相似的特征，就无须经过费时、费力的特征整合阶段，搜寻起来就快得多。字母 T 和字母 O 是目标元素，是观察者必须从背景元素中找出的元素。

特雷斯曼为支持她的理论，提出了一个叫作错觉关联的现象。根据特征整合理论，如果你向大街上望去，你就会创造出许多心理地图，一个地图描述横线在哪里，另一个描述所有的红色物体在哪里，等等。于是你需要整合这些地图，以致你看见的是一辆红色的汽车，而不是个别的特征。需要注意的是，在繁忙的情景下还需要足够的注意资源才可以整合这一部分的特征。在这部分之外，整合显得很随意，有时甚至特征被错误地整合起来。例如，你用余光看见的一辆非白色的经过白色商店的汽车会被错误地看成是白色的汽车。特雷斯曼的理论激发了人们的研究热情，例如，研究者们仍然在做有关结构或形状特征的感知实验。

## 相似性理论

特雷斯曼的理论遭到了更为简单的相似性理论的挑战。这一理论是由约翰·邓肯和格利姆·汉弗莱斯在 1992 年提出的。特雷斯曼的理论无法解释汉弗莱斯和 P.T. 昆兰在 1987 年的研究结果。他们认为，识别某个特征所需的时间取决于识别该特征所需的信息量。相似性理论认为，视觉搜索的难易度是由目标图像和其他吸引注意的图像（即分散注意的图像）的相似程度决定的。因此，在这两个视觉搜索练习中，字母 T 比字母 O 更难寻找，因为字母 T 的形状与分散注意字母形状更为相似。目标字母和分散注意字母的形状越相似，找到目标字母的难度就越大。

相似性理论也认为，分散注意的图像之间越相似，视觉搜索就会越困难。在小写字母中找到 b 比在大写字母中找到 B 要容易，因为大写字母之间有更多的相似性。搜索效果与分散注意图像之间的相似度有函数关系。根据这一理论，视觉搜索仅仅是个相似性的问题，不存在任何特征整合过程。对这一理论的主要批评是：相似性是一个模糊的概念，对什么是相似性没有统一的标准。

有时我们想要同时做一件以上的事情是容易的，如边开车边聊天。然

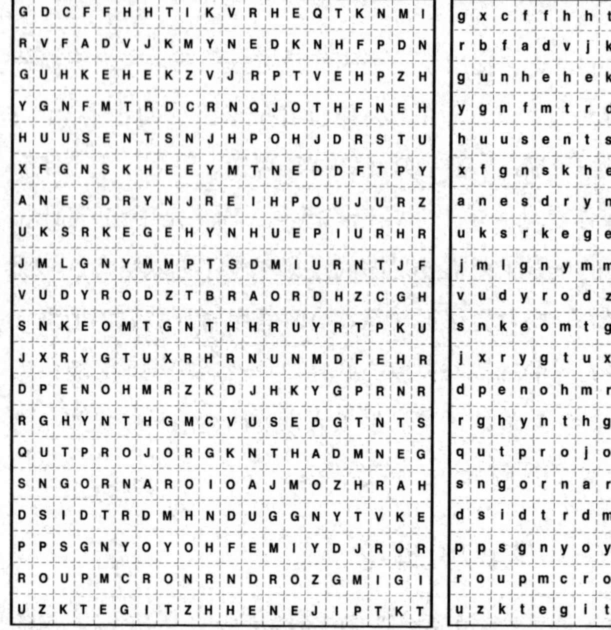


↑在此表中找出字母B，找到后再看右表。

↑在此表中找出字母b。你会发现比左表容易，因为小写字母的形状比大写字母更容易区分。

而，要在做复杂数学题的同时背诵诗歌简直不可能做到。

我们试图同时完成一件以上的任务时，我们就把大脑有限的信息加工资源分配给了不同的工作任务。有的任务容易，有的任务难。这取决于两个方面：一是这两个任务的相似程度，二是我们对任务的熟练程度。尽管大脑的容量有限，但只要两个任务都没有超过大脑一般和特殊资源的限度，大脑就可以同时完成它们。

## 分散注意和集中注意

在探讨任务相似性对分散注意的重要性之前，我们首先考察一下大脑信息加工资源及其分配情况。执行所有任务占据的注意都一样吗？执行不同的任务是不是使用不同的心理资源呢？如果执行所有任务涉及的仅仅是同样普遍适用的心理资源，那么任务的性质不再重要，所有的任务将平等竞争现有的心理资源。只要提供的注意允许，我们将能做尽量多的事情。然而，如果信息加工资源因任务不同有所差异的话，执行不同任务时，我们很容易同时完成它们（如边开车边聊天），而使用相似的心理资源时（如边看书边聊天），就不易同时完成。

许多研究表明，任务相似时，分散注意就比较困难。在 1972 年《实验心理学季刊》发表的一个实验中，D.A. 奥尔伯特、B. 安东尼斯和 P. 雷诺德要求被试者复述一篇文章的一个小节，同时要求被试者通过耳机听一组单词或者记住一组图片。被试者的单词记得很差，却很好地复述了文章和记住了图片。这是因为执行相似的任务需要争取我们的注意，因而会相互干扰。

两个相似的任务很难同时执行的事实支持了这一观点，即大脑信息加工资源因任务不同而相异。这就是我们为什么能边开车边聊天、边听音乐边写作的原因。然而，当汽车行驶到繁忙的交叉路口会怎样呢？我们在进行重要谈话的同时还能处理安全通过交叉路口的信息吗？即使任务不同，我们也不能同时完成复杂的任务。这表明，我们大脑的有些信息加工资源对所有任务是普遍适用的。这就涉及边开车边打电话的情况。这时，普遍适用的注意资源就会从执行开车任务转向打电话任务。

如果你演奏乐器、学跳舞、进行体育运动和从事诸如此类的技巧性活动，也许有人会告诉你：熟能生巧。我们知道练习某种技巧时，我们会做得更好。但这与分散注意有关吗？

我们已经谈到边开车边聊天很容易做到。但这是对有经验的驾驶者而言的，新手一般边开车边聊天几乎是不可能的。因此，在两个我们熟练的任务中分散注意比较容易。要想明白为什么会这样，我们必须仔细地考察一下要执行像边开车边聊天这样的任务时会涉及什么。

到目前为止，我们把开车这样的任务看成是一项任务。真的如此简单吗？驾驶任务涉及必须注意速度、路线、方向、前后车辆、潜在危险（如走在人行道上的小孩）等等。能说这是单一的任务吗？也许驾驶本身就是注意分散的一个例子。聊天也一样，必须控制嘴唇的运动，处理耳朵接收到的信息，还要决定该说些什么。实际上，任何任务都可以看成是小型子任务的集合。

学习驾驶确实像分散注意。学习驾驶时，所有的子任务都是分开的。你必须思考道路的弯曲情况，思考怎样用后视镜相应地调整方向盘，思考怎样控制速度等。当新手正在注意复杂路况（如交叉路口）时，他们也许忘了该用多大的力量踩刹车以减缓车速。思考这么多的子任务会用尽他们的注意资源。但一旦掌握驾驶技术后，开车就变成了一项单一、有组织的任务，有经验的驾驶者能让子任务在互不干扰的情况下处理好它们。

每学习一项新任务时，你都会或多或少有意识地在子任务之间分散注意。这需要大量的信息加工资源。如学习拉小提琴，演奏 C 调时会涉及：

· 从乐谱上阅读正确的音符；

· 使用正确的琴弦；

· 手指正确地放在琴颈上；

· 用琴弓拉动琴弦。

小提琴新手必须考虑到每一步。经过大量的实践后，经验丰富的小提琴手只需简单地看看音符 C，在没有注意到相关子任务的情况下就会拉出声音。这只需要一小部分注意，而有足够的注意用来执行其他任务。比如，小提琴家利伯雷斯在表演时经常一边拉小提琴一边和听众聊天。

可见，对某项任务进行大量训练后，我们就擅长了，再执行这项任务时就不需要用光注意资源。这项任务就不再是有意识的控制行为，相反地，它会成为自动行为。例如，我们小时候也许要思考走路或骑自行车所涉及的每一个子任务，现在都变成自动行为了，根本无须思考。实际上，当有的动作一旦成为自动行为后，想要阻止它都很难。这是“斯特鲁普效应”的核心。“斯特鲁普效应”用来研究自动化的任务。

## 人类自动驾驶仪

你曾经在周末走出家门像工作日那样径直去上学或上班吗？如果你自动这样做的话，我们称之为坐上自动驾驶仪。我们无须有意识地控制行动，就像飞行员坐上自动驾驶仪无须手工操作飞机一样。完成这些任务不再需要我们有限的注意资源，因而自动行为非常有用处。

为什么会发生自动行为呢？约翰·安德森在1983年提出，在练习中，人们对该任务的每项子任务越来越擅长。如在学驾驶时，人们控制刹车、使用后视镜等的能力在提高。最终这些子任务会合并成较大的部件，因而，控制刹车和使用后视镜无须再分别思考就可以同时完成。这些较大的部件进而继续合并，直到整个任务变成单一的、整体的程序，而不是单个子任务的集合。安德森认为，当子任务完全融合成单项任务时，任务就自动化了。

**表：控制加工与自动加工的区别**

| 控制加工 | 自动加工 |
| --- | --- |
| 需要集中注意，会被有限的信息加工资源阻抑 | 独立于集中注意，不会被信息加工资源阻抑 |
| 按序列进行（一次一步） | 并行加工（同时或者没有特别的顺序） |
| 容易改变 | 一旦自动化后，不易改变。 |
| 有意识地察觉任务 | 经常意识不到执行的任务 |
| 相对耗时 | 相对较快 |
| 经常是比较复杂的任务 | 较简单的任务 |

# 事件关联电位

心理学家能够使用脑电图来记录大脑电脉冲的变化。有时，人们一看见或听见什么，电脉冲的情况就能马上记录下来。这种记录叫作事件关联电位，它们是大脑对某些特定事件的电位反应。

从1988年到1992年，芬兰赫尔辛基大学的认知神经科学家里斯托·纳塔能，通过使用事件关联电位的方法做了许多实验研究注意。纳塔能的实验表明，我们确实对刺激做出了反应，例如，在遮蔽任务中未注意信息的非常小的变化。然而，这对控制遮蔽任务没有影响，而且经常是无意识地出现。这些发现支持了有些自动简单的信息加工无需注意资源就可以发生的观点。

我们从对正常被试者的成像和记录中学到了很多注意的知识，我们也

↑ 视觉忽视综合征并不限于人类。这条狗也有脑损伤，因而只吃食盘左边的食物。

可以通过研究不能正常进行注意信息加工的人那里学到不少。我们知道，注意是所有认知任务的核心，我们需要它来感知信息以集中思考，避免干扰。毫无疑问，大脑的紊乱会影响注意。这些条件是怎样影响注意，我们又能从像大脑受伤、注意加工受损的情况中得到什么教训呢？

来看一个叫比尔的人的个案研究。比尔的个案研究是脑卒后视觉忽视综合征病人的典型情况。脑卒或者对大脑的其他损伤都会导致对大脑某一部分的伤害（像比尔一样右脑的损伤比例比较大），会使得病人无法对侧视阈的物体做出反应。比尔的例子显示了视觉忽视综合征的所有主要特征。

忽视左边空间的倾向与患者不能运用左边身体相联系。比尔确信他抬起左手拍手了，他抬不起左手不是因为身体残疾。视觉忽视综合征患者根本注意不到左边，也忘记了左边的存在。这不是因身体动力障碍引起的，他们注意不到左边的视觉刺激与感觉障碍无关。视觉忽视综合征不是视觉或动觉的失调，而是经历和反应的失调；不是感知的紊乱，而是注意的紊乱。简言之，视觉忽视综合征患者对左边世界“选择性不注意”。

视觉忽视综合征患者最为鲜明的特点是他们不会意识到没注意到的那边。他们并不认为“我注意不到我的左边”，实际上，他们的左边就好像根本不存在一样。

## 疾病感缺失

一个人拒绝承认自己有病是疾病感缺失的症状，意味着根本不知道自已有病。视觉忽视综合征是一种注意紊乱，它的鲜明特征是疾病感缺失。

波斯纳和同事们研究了视觉忽视综合征患者的注意。经研究发现，在注意任务中，不能指令这些人去注意他们忽略的那一边。根据研究，他们提出了三阶段注意模式。要注意某个刺激，我们必须：

· 偏离目前的注意焦点；

· 将注意转向新的地方；

· 注意新的任务。

视觉忽视综合征患者对第一阶段的任务存在问题，例如，他们无法偏离视阈中的右边以集中注意于左边。

## 注意缺陷障碍

美国大概有 4% ~ 6% 的儿童患有注意缺陷障碍。这是由于信息加工的注意控制不成熟或功能失调导致的。很多情况下，不成熟会随着时间的推移有所改善，但仍有大约一半人在成人时会有问题。注意缺陷障碍的特征是集中注意于某项任务或刺激有困难，这就使得注意缺陷障碍患者很容易分心、冲动和亢奋。他们的注意问题也导致他们无法将生活、思考、情感与行为联系起来，进而导致行为碎片化。有人认为，当大脑控制和指示注意的区域不成熟或者不完全“在线”时，注意缺陷障碍就会出现。正电子发射断层显像研究表明，注意缺陷障碍患者的左脑活动有所减少，尤其是前扣带皮层的活动，因为大脑的这部分与注意集中有联系。经观察，前脑叶（该部位与意识有关联）和上听觉皮层（该部位将思维和知觉整合起来）的活动都有所减少。这些模式导致了注意缺陷障碍的注意和行为特征。许多思想、感情和信息都会竞争注意资源，而且处理它们的机制也出现了问题。

为控制注意缺陷障碍的症状，医生给许多孩子开了像哌甲酯这样的药物，这与苯丙胺基本相似。20 世纪 90 年代末，美国使用哌甲酯儿童的数量增加了 150%。目前，美国哌甲酯的用量是其他国家使用总量的五倍多。哌甲酯是通过提高大脑皮质神经传递素，尤其是多巴胺的数量来起作用的。神经传递素的不断作用刺激了注意缺陷障碍患者的大脑皮质，包括大脑不活跃部位的活动。这就使得大脑能够集中注意，并且将感觉信息、思维和行动拼合起来，从而产生更加集中的行为、更好的注意力和较少的干扰。

## 第二节
# 储存信息

记忆是一个关键的心理过程。没有它我们将无法学习，无法有效工作，甚至无法保留我们之前习得的任何知识。几个世纪以来，存在着很多关于记忆是如何运行的理论。近年来，人们对人类记忆有大量的研究。我们现在知道，记忆不是一个被动的信息接收者，而是一个对信息进行演绎、对事件进行重组的主动过程。

记忆使我们回忆起生日、假期和其他有意义的事情。这些事情可能发生在几小时、几天、几个月甚至是很多年以前。正如达特茅斯大学著名的认知神经科学家迈克尔·加扎尼加所述："除了此时此刻，生活中的每一件事都是记忆。"没有记忆，我们不能进行对话，不能辨认出朋友的脸，不能记住约会，不能理解新思想，不能学习和工作，甚至不能学会走路。英国小说家简·奥斯汀（1775 ~ 1817）恰当地总结了记忆的这种神秘特性："记忆的功能、失效与不均衡，似乎比我们智力的其他部分更加难以言传。"

古希腊哲学家柏拉图（约公元前 428 ~公元前 348）是最先提出记忆理论的思想家之一。他认为，记忆就像一块蜡制便笺簿。印象在便笺簿上被编码，进而储存在那里，这样我们便可以在一段时间后返回或者提取它们。有些古代哲学家把记忆比作大型鸟笼中的鸟或图书馆里的书。他们指出，提取已经被存储的信息是有困难的，就像在大型鸟笼中抓住那只鸟或者在图书馆里找到那本书那样难。现代理论家如乌尔里克·内塞尔、史蒂夫·切奇、伊丽莎白·若甫图斯和艾拉·海曼开始认识到，记忆是一个选择和解读的过程，涉及大量的加工（如感知），而不仅仅是消极的信息存储。这些心理学家所做的实验表明，记忆可以重组、整合先前的编码时的观念、期待和信息（包括误导性信息）。例如，切奇向从没去过医院急诊室的孩子反复询问在他们在生活中有没有发生过类似的事件。刚开始，孩子们准确地报告他们没有去过急诊室，但在第三次实验后（自从其中一个小孩说他的手被捕鼠器夹着并被送往医院后），孩子们开始说他们去过，还能提供详细的故事。这一实验被称为捕鼠器实验。这些孩子并没有被给予错误的信息，但被反复提问，导致他们开始用想象创造记忆。

↑古代哲学家把记忆比作大型鸟笼中的鸟。一旦信息被储存，要想提取那个正确的记忆，就如同从大型鸟笼中抓住那只特别的虎皮鹦鹉一样难。

作家兼哲学家 C.S. 路易斯的论述表明，我们的记忆远不够完善。这是因为它不可能记住我们所经历过的每一件事。为了在这个世界有效地生存，我们需要记住其中一些事情，当然还有一些事情无须记住。我们能记住的那些事情似乎取决于它们在功能上的重要性。在人类进化的进程中，人们可能通过记住那些发出威胁信号（如一个潜在的食肉动物的出现）或奖励信号（如一个可能的食物来源的发现）的信息而得以生存下来。我们的记忆就像筛子或过滤器这样的装置一样工作，这些装置保证我们记住的不是每一件事。我们能利用所学到和记住的信息来选择、解释，并将一件事与另一件事联系起来。记忆的这一特质使很多当代研究者把它看作一个积极而不是消极的东西。

## 记忆的逻辑

任何一套有效的记忆系统（无论是合成器，还是声音混合器、录像机、电脑中的硬盘，甚至简单的文具柜）都需要做好三件事，即必须能够：

· 编码（接收）信息；

· 在长期记忆的情况下，经过较长的时间后能够很好地储存或保留信息；

· 提取已被储存的信息。

以文件柜为例，你把文件放在某一个文件夹里，它就一直保存在那儿。当你需要它的时候，你会很容易找到这个文件。但是如果你没有一个好的查找系统，你可能不容易找到想要的文件。因此，记忆包括提取信息的能力，也包括接收和储存信息的能力。我们的记忆要有效地运行，那么编码、储存和提取这三个组成部分就必须共同运行好。

如果当信息呈现给我们时我们却没有注意到它们，我们就可能不能对它们进行有效地编码，甚至根本就不能编码。如果我们没有有效地编码信息，就只能说我们把它们忘记了。对提取信息而言，可利用性和可存取性之间，常常会有重要的差别。例如，有时我们不能很快地想起某个人的名字，但感觉它好像就在嘴边，呼之即出。我们可能知道这个名字的第一个字，但是我们无法说出完整的名字。这就是“舌尖现象”。我们知道我们已经把信息储存在某个地方，在理论上，我们也可能使信息之为信息的那部分知识潜在地具有可利用性，但它目前却不可存取——我们无法想起它。

记忆失败可归因于编码、储存和存取这三个要素中一个或更多部分出现障碍。在“舌尖现象”例子中，就是恢复部分的功能趋于失效（参见左表）。因此，对于有效记忆来说，这三个要素都是必要的，只有一个要素是不够的。

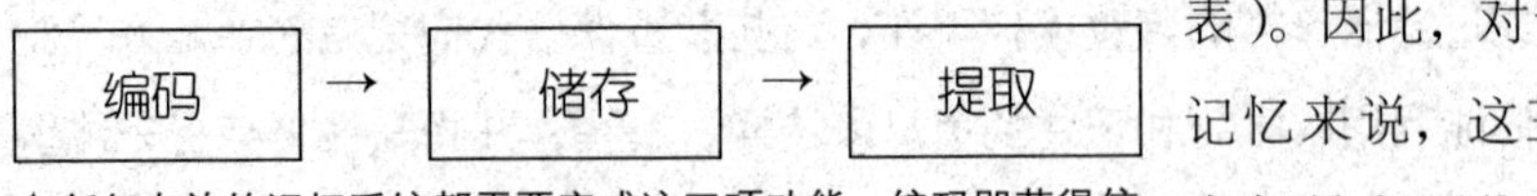


↑ 任何有效的记忆系统都需要完成这三项功能：编码即获得信息，储存即保留信息，提取即存取信息。

## 记忆的程序

柏拉图和他的同时代人把对大脑的思考建立在他们自己的个人印象基础

之上。然而，当代的研究者通过操作严格、高度控制的实验研究，搜集到关于人们记忆工作方式的客观信息。实验结果往往与过去所推崇的“常识”相抵触。

过去 100 年的主要发现之一，是记忆有不同的类型。我们现在知道，记忆有不同的种类：感观储存、短期（工作或者初始）记忆和长期（次级）记忆。长期记忆也有不同的类型，如外显记忆与内隐记忆、情景记忆、语义记忆和程序记忆。

感官储存看上去是在潜意识层面上运行。它从感官中获取信息，并保持一秒钟，在这时我们决定如何处理。例如，如果你在鸡尾酒会上听到有人谈话提到你的名字，你的注意力会自动地转向那个人。在感觉记忆中，我们所忽略的东西会很快被丢失，不能恢复。当你没有注意某个人说话时，你有时能听见那些话的某个回音，但一秒钟后，它就会消失。

注意某件事，就会将之转换成工作记忆。工作记忆有一个有限的容量，大概是在七个项目加或减两个项目的范围内。例如，当你拨一个新的电话号码时，这个储存就被使用。你的工作记忆一旦饱和，旧的信息就会被新输入的信息所取代。不太重要的信息条目（比如你不得不拨打一次的电话号码）保存在工作记忆中，被使用，再被丢弃。这个过程被应用于有意识处理的每件事——你当前所思考的。继续处理信息就意味着将之转换成好似无限量的长期记忆。更重要的信息（长期记忆），就如你离开时不得不记住的新的电话号码，被放置在长期记忆库，这正是本章关注的焦点。

以前人们相信工作记忆是一个消极的过程，但是现在我们知道，它不仅仅是保存信息。根据工作记忆的模态模型，人们可以在 4 ~ 5 个记忆槽中储存信息的同时进行并行信息处理，这一点已被心理学家普遍接受。此外，工作记忆还能进行其他的认知活动。

## 工作记忆

有一个证据表明，短期记忆至少由三个部分组成。1986 年，心理学家艾伦·巴德利公布了一个短期记忆模式，由发音回路、视觉空间初步加工系统和中枢执行系统三个部分组成。

发音回路由两部分组成：内声和内耳。内声重复被储存的信息（隐蔽语音），直到你已经注意到它，而内耳收到听觉表达。随后，该回路退出，中枢执行系统重新启动它（像一个交通指挥员）。大脑成像表明，当人们在用工作记忆储存信息时，通常大脑处理语音或听觉信号的两个区域是积极活跃的。如果外部的噪音干扰了你的耳朵，或者妨碍了你的语音系统（因说话或者咀嚼而占用发音所需的肌肉），它就无法被用作隐蔽语音，你的记忆力就会下降，因为发音回路被妨碍了。

视觉空间初步加工系统为短暂储存和处理图像提供了一个媒介。从一些研究中我们可以推断出它的存在，而这些研究表明在同一空间并发的任务会互相干扰。如果你试图同时进行两个非语言的任务（比如拍拍你的头和摸摸你的肚子），视觉空间初步加工系统可能会因延伸过长而不能有效运行。中枢执行系统的一项功能就是将视觉空间初步加工系统与发音回路联结起来。

中枢执行系统也被认为是用来控制工作记忆的注意和策略。它可能与发音回路和视觉空间初步加工系统的协调有关，如果后两者同时保持活跃状态的话。在大脑的额叶受到损害后，病人经常很难做出计划和决定。他们能够进行机械的常规的运动，但不能被中断或修正。巴德利将这称为执行失调综合征，因为中枢执行系统受到了损害。

工作记忆可能相当于电脑中的随机存取内存，电脑当前执行的工作（根据它的处理来源）占据着内存。硬盘就像长期记忆，当电脑被关闭时，你输入的那些信息仍被存储下来，并可能被无限期地保留下来。关闭电源就像进入睡眠。当你在良好的晚间睡眠后醒来时，你仍然可以获得储存在长期记忆中的信息，比如你是谁，在你过去生涯中的一个的日子里发生了什么事。然而，你通常无法记起入睡前在工作记忆中最后的想法，因为那些信息常常没有被转换成长期记忆。

电脑硬盘的例子也有利于解释关于记忆的编码、储存和提取之间的区别。互联网上庞大的信息可以被看作一个规模宏大的长期记忆系统。然而，如果你没有找到从互联网上搜寻并恢复信息的有效工具，那么，那些信息就是无用的。虽然这些信息在理论上是可以获得的，但当你需要它们时它们却无法得到。

## 处理层级

1972年，实验心理学家弗格斯·克雷克和罗伯特·洛克哈特提出了“处理层级”分析框架，这对后来关于记忆的理论产生了巨大的影响。它的关键原理参照了马塞尔·普鲁斯特的思想。随后，正式的实验测试人们在一段时间间隔之后记起事物的能力，实验表明“更深层”的信息处理更优越于表层处理。

克雷克和洛克哈特指出，记忆材料的精细能提高我们记忆项目的能力。假如要求你研究一串单词，然后测试你对它们的记忆。通常，如果你解释词汇表上每个词语，并赋予每个单词个性化的联系，你将会记住更多的单词——这一技巧被称为材料精细化。如果给每个单词提供一个韵律或给每个字母一个数字反映它在字母表中的位置，那么你记住的单词将更少。因为在语义学的范围内，这是更表层的任务。

根据“处理层级”理论，如果一个特定的操作或程序产生更好的记忆成绩，是因为处理中的深层编码在起作用。相反，如果一个操作或程序呈现出低劣的记忆成绩，它可能被归因于更为表层的处理。

为了充分论证“处理层级”理论，心理学家们需要设计出一种测量记忆处理深浅、不依赖随后记忆成绩的方法。在克雷克和洛克哈特进行了更进一步的实验后，这一模式才被当今的心理学家普遍接受。这些实验表明，学习和记住信息的意图完全是无意义的——深层处理是必要的。

以电脑为例，记忆的“软件”是它的功能和程序运行部分。记忆也能运行于另一层级——“硬件”，即在记忆工作方式之下的中枢神经系统。

深藏在我们大脑中的记忆被归类为大脑的一部分，称为“海马”。“海马”扮演守卫的角色，决定信息是否足够重要而需要放入长期储库。海马也可以被称为新记忆的“印刷机”，重要的记忆被海马“打印”，并被无限期地归档到大脑皮质。大脑最外部的折叠层容纳了几十亿个神经细胞的丛状物，电子和化学冲击波使它保留信息。大脑皮质被看作重要记忆信息的“图书馆”。

## 记忆提取

只有编码或收到并储存已经被感觉处理的信息后，我们才能从我们的文档系统中有效地提取它。我们所能提取的记忆绝大部分取决于信息首先被编码和分类的情境，以及提取记忆时情境与当初情境的吻合程度。这被称为编码特定性原则。例如，很多人曾因为在特定情境中没有认出朋友或熟人而感到尴尬。如果我们习惯于在校园里看见特别着装的某人（比如穿制服），而当他在某个社交场合着装不同时（如穿礼服），我们就可能认不出来。

### 回忆

记忆提取有两种类型：回忆和识别。在一个实验情境下调查回忆时，研究者可能会在所谓的学习情景中给被试者提供信息（如一个故事）。接着，研究者要求被试者回忆故事的某些方面。

自由回忆是要求人们在没有任何帮助的情况下尽可能多地记起故事的内容。前文提到的“舌尖现象”说明了自由回忆中一个普通问题的本质——我们经常只能部分获得我们努力提取的记忆信息。

线索性回忆是指给人们一个线索（如目录或单词的第一个字母）来提取某条记忆信息。例如，他们可能被这样要求：“请说出我昨天读给你的故事中姓以‘X’开头的所有人名。”线索性回忆比自由回忆容易些。这可能是因为研究者在提供线索时已经为被试者做了某些记忆工作。虽然线索可以帮助提取记忆，但它们也能带来误解和偏见。

### 识别

识别是记忆提取的最简单的类型。给你提供一些现实的记忆材料，你必须对它做出选择。“强迫选择识别”是指给你提供两个项目，其中只有一项是你以前见过的。然后，要求你指出两项中哪条是你以前见过的。这是一种强迫性选择，因为你不得不选择其中的一项。当向你给出一组项目信息并要求你回答以前是否见过它时，这可以被称为“是非识别”，你只能做出“是”或“否”的反应。

实验证明，两个独立的过程有助于识别：情境提取和熟悉。情境提取取决于时间和地点的外显记忆。例如，你可能认出某个人就是你上周五在公交车上看见的那个人；而在另一个不同的日子，你可能看见一个人很眼熟却又认不出。你知道曾经见过他，却又记不起是在什么时候、什么地方见过。这种识别类型利用了熟悉过程，但没有外显回忆，因而它是一种不太详细的识别形式。

## 生理和心理影响

回忆表现也会受到人的生理或心理状态的影响。当你在非常平静时学习某些东西而在非常激动时被测验时，你回忆起信息的能力就会下降。但是，如果你在平静时学习又在平静时被测试，或者在兴奋时学习又在兴奋时被测试，你回忆起信息的表现会更好。这就是所谓的情境学习，这对于临考的学生至关重要。如果你在平静时为考试学习，但在之后实际测试时感到紧张或兴奋，那么，你回忆信息的效果就不会像情绪平静的人那样好。因为在相同情绪中会产生其他记忆提取线索作为进入记忆储存的路径。在各种情形下，记忆似乎受到我们生理或心理状态的影响。在受控情形下，研究者发现，只有被试者在使用自由回忆时，这些影响才是一致的。

当测试线索性回忆或识别时，状态或情境的差异造成可预见性的影响较少。这主要是因为在回忆和识别测试时，学习和测试中提供的一定量的信息是不变的，学习和记忆之间潜在的不匹配性大大降低。另外，虽然外显记忆部分可能对状态有所依赖，但识别的熟悉性部分是不依赖情境的。

## 遗忘

遗忘被定义为信息的丢失、干扰（冲突）或其他（记忆）提取障碍。遗忘的产生很可能不是因为储量有限，而是因为当我们努力提取记忆信息时，相似信息变得混淆并相互干扰。为了更好地理解记忆是如何工作的，我们需要理解一些影响信息遗忘的因素。

关于遗忘，有两种传统的观点：一种观点认为，记忆消失或衰退就像物体会随着时间的流逝而消失、侵蚀或失去光泽一样。另一种观点把遗忘看成积极活跃的过程，它暗示没有强有力的证据表明记忆中信息的消失或侵蚀。遗忘的发生是因为记忆痕迹被其他记忆混淆、模糊或覆盖了。换句话说，遗忘是因为其他信息的干扰而发生的。

人们一致认为，这两个过程都发生了。但是，很难将时间（时间造成了记忆的消退或侵蚀）的重要性与新事件的干扰二者区别开来，因为它们通常同时发生。然而，有些证据表明，干扰可能是遗忘的更重要原因。如果在一场网球赛之后，你没有观看其他网球比赛，你可能要比那些看过其他比赛的人记得更牢。

毫无疑问，在我们的记忆中，我们的经验相互作用，并趋向彼此碰撞。结果，一种经验的记忆常常与另一种经验的记忆相互牵连。两种经验越相似，它们在我们记忆中相互作用的可能性就越大。这可能是有益处的，因为新的学习可以建立在过去的学习基础上。但如果区别不同场合下两种记忆很重要的话，那么干扰就意味着，我们事实上记住的没有我们所希望的那么精确。比如，对两个不同生日的记忆可能会彼此混淆。

### 艾宾浩斯传统

德国实验心理学家赫尔曼·艾宾浩斯（1850 ~ 1909）以研究遗忘著称。在一个实验中，艾宾浩斯用 13 个无意义的音节排列成 169 个单独列表。每个音节由一个辅音、一个元音或一个辅音组成（例如，PEL 或 KEM）。艾宾浩斯在一段间隔之后重新学习每一个列表，时间间隔从 21 分钟到 31 天不等。为了测试他忘了多少，他使用了一种叫节省分数的方法（复习列表需要花费多长时间）。

艾宾浩斯注意到，他的遗忘率大致是呈指数状的。这意味着开始遗忘的速度非常快。他的观察建立在时间测试基础之上，也表明适用于不同记忆材料和学习条件。例如，当你离开学校停止学习法语后，你的词汇在紧接着的 12 个月内会迅速减少。然而，你的词汇遗忘率通常会逐渐下降。最终，你将达到一个知识保持不变的高度。如果你在五至十年之后重新学习法语，你可能会惊讶于你还保留了如此之多的词汇。同样，虽然你忘记了一些法语词汇，但学习起来会比那些从来没有学过法语的人快。因为，虽然你对这些词汇的知识没有意识，但你一定在无意识中保留着对它们记忆的记录。

心理学家斯金纳提出了一个与此紧密相连的观点。他认为：“教育能使我们所学的东西在被遗忘时幸存下来。”我们可能会做出调整以适应明显的遗忘。艾宾浩斯把他随机选择的无意义音节描述成“始终没有发生联系”，并把这看作他的方法的力量。事实上，与艾宾浩斯类似的实验的巨大优点是排除了一些非相关因素。然而，一些人认为他把记忆过分简单化，将记忆的微妙之处简化成一系列人工的、数学的构成。虽然艾宾浩斯的方法具有科学严密性，但有消除人们记忆中某些方面的危险，而这些方面对于人们的现实生活是必不可少的。做出上述批评的研究者认为，运用有意义的记忆材料（如故事或购物清单）对全面研究人类的记忆运行方式更为重要。

### 巴特雷特传统

心理学家弗雷德里克·巴特雷特（1886 ~ 1969）举例论证了记忆研究的第二大传统。在《记忆》（1932）一书中，巴特雷特攻击了艾宾浩斯传统。他认为，无意义音节的研究并不会告诉我们多少关于真实世界中人们记忆的运作方式。艾宾浩斯使用无意义音节并努力排除他的测试材料的意义，而巴特雷特关注那些在相对自然的环境下被记下来的有意义的材料（或者那些我们试图赋予意义的材料）。

在巴特雷特的研究中，要求被试者读一个故事，然后要求被试者回忆那个故事。巴特雷特发现被试者是以他们自己的方法回忆的，同时也发现了一些普遍的倾向：

故事趋向更短；

故事变得清晰紧凑，因为被试者会通过改变不熟悉的材料以适应他们的先验理念和文化期待来使这些材料变得有意义；

被试者做出的改变与他们初次听到故事时的反应和情感是相匹配的。

巴特雷特认为，从某种程度上讲，人们所记住的东西是由他们对原始事件的情感和个人努力（投资）所驱动的。记忆系统保留了“一些突出的细节”，剩余部分则是对原始事件的精细化或重构。巴特雷特把这些看作是记忆本质的“重构”，而不是“再现”。换句话说，我们不是再现原始事件或故事，而是基于我们现存的精神状况进行重构。例如，假想两个支持不同国家（如加拿大和美国）的人，会如何报道他们刚刚看过的这两个国家之间的体育赛事（如曲棍球或网球）。对于在赛场上发生的客观事实，加拿大支持者将很可能以与美国支持者根本不同的方式报道赛事。

巴特雷特观点的核心，即人们试图赋予自己对世界观察以意义，并且这将影响到他们对事件的记忆，对在实验室中运用抽象而无意义的材料进行的实验可能并不那么重要。然而，根据巴特雷特的观点，这种“理解意义后的努力”是人们在现实世界中记忆或遗忘方式的最突出的特征之一。

## 组织和误差

20 世纪六七十年代，研究者们进行研究以发现象棋手记忆棋盘上棋子位置的能力究竟有多好。研究表明，优秀的象棋手只需要瞥上五秒，就能记住棋盘上 95% 的棋子位置；而较差的象棋手只能记住 40% 的棋子位置，他需要经过八次努力才能达到 95% 的准确率。发现表明：优秀的象棋手享有的优势应归因于他们能够把棋盘看作一个有组织的整体，而不是单个棋子的集合。

有些实验要求专业桥牌手回忆手中的桥牌，要求电子专家回忆电路图，这些实验产生了相似的结果。在每个实验中，专家都能把材料组成一套有条理、有意义的模式，这导致了他们记忆能力的显著提高。经研究发现，在提取记忆时（以提供线索的方式），经过组织的信息能够帮助回忆，这些研究也揭示出学习时组织信息的好处。在实验室里，研究者将学习相对无结构化材料的记忆与学习时将材料赋予某种结构后的回忆进行对比。例如，当你努力记住一个无规则的单词列表时，你将发现如果你把正在学习的单词表归类，如蔬菜或家具，你会发现记住它们更加容易。当人们被要求回忆那些在编码时被组织的名单时，他们的表现实际上要比记住无规则名单更好。

学习时赋予信息以有意义的结构能够提高被试者的记忆效果，但它也会带来信息歪曲。我们知道记忆绝对不是可靠的，大多数人对日常生活和环境方面的记忆不够好。如果一条信息在日常生活中是无用的，那么，我们可能不会很成功地记住它。例如，你知道你口袋中钱币上的头像是面向左还是面向右吗？一般来说，尽管人们几乎每天都在用它们，但许多人不能正确地回答这个问题。一些人可能认为，我们没有必要为了每天有效地使用钱而记住头像是面向哪个方向。但是，我们应该正确观察和记住不同寻常的事件（如犯罪）。

记忆误差可能是由许多因素引起的，如漫不经心将造成编码不完全，最初的误解将造成误差的侵入。它们是那些使你最初理解的部分，而不是你正努力记住的部分。这些误差经常是不易察觉到的，因为这些重构就像准确的记忆一样会被详细生动和自信地回忆起来。

## 影响记忆的因素

20 世纪 70 年代中叶，伊丽莎白·若甫图斯在实验中发现，人们对主导性或者误导性提问的反应与对无偏差提问的反应同样迅速和自信。即使被试者注意到引入了新的信息，该信息仍然会成为他们对事故记忆的一部分。因此，记忆偏差会在回忆时出现。

在 1974 年的一个实验中，若甫图斯和她的同事约翰·巴尔马让几组学生观看了一系列有关交通事故的电影，之后，学生们要回答影片中发生的有关问题。其中一个问题是:“他们__时，车速是多少？”每组学生对空格所填的词都不一样，这些词有“猛撞”、“碰撞”、“撞击”、“相碰”和“接触”等。

研究人员发现，学生们对车速的估计受到所提问题中所选动词的影响。若甫图斯和巴尔马最后得出结论，学生们对事故的记忆被所提问题中暗含的信息改变了。

若甫图斯和巴尔马又让学生们观看涉及多辆汽车的交通事故四秒钟。这一次向学生们提问车速时，一组学生用动词“猛撞”，另一组用“相碰”，没有向第三组学生提出这一特殊问题。

一周后让学生们回答更多的问题时，其中一个提问是“你看到玻璃碎了吗？”若甫图斯和巴尔马发现，不仅有关对速度提问的动词会影响学生们对速度的估计，该动词还会影响对玻璃破碎提问的回答。尽管当时并没有播放有关玻璃破碎的内容，但那些对车速估计较高的学生在记忆中看到玻璃破碎的可能性较大。那些没有被问到车速问题的学生在记忆中看到玻璃破碎的可能性非常小。

一年以后，若甫图斯又开始了另一个实验，她让被试者观看一起交通事故的电影。这次她向一些被试者提出的问题是:“跑车在乡村公路行驶时，它经过谷仓时的速度是多少？”实际上电影中根本没有谷仓。一星期后，那些被问这一问题的被试者声称看到谷仓的可能性较大。即使是简单地问被试者“看到谷仓了吗？”，他们在一星期后回答见到谷仓的可能性仍很大。

若甫图斯得出结论，人们的实际记忆会因引入误导性信息而发生改变。实验的批评者认为，就像儿童会按照人们所期待的去回答问题一样，被试者也仅仅是按照研究人员所期待的那样去回答问题。若甫图斯认为情况并非是这样的，并且继续寻找更令人信服的证据证明她对记忆和误导信息所下的结论。

1978 年，若甫图斯、米勒和伯恩斯再一次给被试者呈现了一起交通事故，不过这次是通过幻灯片放映的。事故是一辆达特桑牌汽车在十字路口撞上了行人。一组被试者看见汽车首先是在停车标志处停下来的，另一组被试者看见汽车首先是在让行标志处停下来的。这次的提问是“当红色的达特桑牌汽车在停车（让行）标志处停下来时，有另一辆车经过吗？”每组都有一半被试者用到“停车”这个词，每组的另一半用的是“让行”这个词。这意味着，每组有一半人被问到的问题与他们所看见的事情一致，另一组被问的问题是有误导性的。

20 分钟后，所有的被试者都被出示几对幻灯片。每对幻灯片中的其中一张显示这组被试者看过的事情，另一张稍有不同。其中一对显示的是汽车停在停车处，另一张显示的是停在让行处。被试者必须选择每对中最准确的幻灯片。研究人员发现，那些被问到的问题与其看到的事情相符的被试者选择正确的幻灯片的可能性较大，而那些被问到误导性问题的被试者选择错误的幻灯片的可能性较大。

研究表明，一些被试者记住了事件发生后引入的信息，而不是事件本身。研究人员成功地误导被试者错误地描述了事故。这些发现对警察的询问技巧和处理有争议的事件都有非常重要的意义。

### 衰老与记忆

每个人都有记忆差错、记忆失败和记忆错误的经历，但对老年人而言，这些经历就自然地归因于他们的衰老，而不是归因于个人之间的正常变化（在这种情况下，衰老仅仅是偶然因素）。几个世纪以前，著名的学者和智者塞缪尔·约翰逊（1709 ~ 1784）就注意到了这一点，他写道：“大多数人不公正地认为老年人的智力下降了。如果年轻人或中年人离开公司时记不起将帽子放在什么地方了，这似乎无关紧要；一旦这种不留意发生在老年人身上，人们就会耸耸肩说‘他很健忘’。”

考虑到大多数国家的人群发生记忆变化的平均年龄不断提高，于是，弄清楚到底哪些记忆变化是真正由衰老引起的显得很重要。然而，仍然有一些

↑ 研究表明，工作记忆不会退化，但长期记忆会随着年龄的增长而退化。这种退化通常是缓慢的。有时老年人发现很难记起刚刚发生的事情，但能记起早期发生的事情。

重要因素要考虑。如果我们把 20 岁年轻人的记忆与 70 岁老年人的记忆进行比较的话，将有很多不同因素对年龄相差 50 岁的人的记忆表现差异进行解释。例如，70 岁老年人获得的教育和保健要比 20 岁年轻人差得多。像这样的因素很容易扭曲研究结果，进而也被认为是老化对记忆的影响。

将 20 岁年轻人的记忆与 70 岁老年人的记忆进行比较是横向实验研究的例子。在纵向研究中，人们需要跟踪同一个人从 20 岁到 70 岁的记忆变化。这种纵向研究方法有其优势，因为研究人员是对同一个人的记忆变化进行研究。然而，人们也注意到，纵向研究中高功能人群有增多的趋势。换句话说，那些参与纵向研究的人得到积极反馈后会继续参加实验，结果发生对衰老影响的人为积极表达。当然，还有个问题是要寻找一个能够活得够长能在 50 年里持续开展研究和分析的研究人员。

这些年来对工作记忆的研究效果仍然非常好，但执行需要工作记忆的任务变得较为困难。如果向人们出示数字串并让他们以相反的顺序复述，老年参与者经常比年轻参与者表现差；但如果让他们以出示数字相同的顺序复述时，他们的表现却同样好。

随着年龄的增长，长期记忆的表现会有惊人的下降，尤其在需要自由回忆的时候更是如此。识别保持得还好，但是建立在熟悉的基础之上。当识别需要背景记忆（这是更具回忆性的因素）时，随着年龄的增长，确实会出现问题。这意味着，老年人更容易受到其记忆暗示和偏差的影响。

内隐记忆通常是通过评价行为而不是回忆记忆经历来测试的。结果表明，内隐记忆不但在幼时成熟得早，而且在年老时仍保持得较好。

衰老对语义记忆影响甚微，语义记忆在人的一生中都在不断地改善。例如，人们的词汇会随着年龄的增长而增加。前脑叶成熟得相对较慢，这一点可以与儿童对记忆的意识联系起来。有证据表明，出现与年龄有关的记忆丧失的很大一部分是因为前脑叶衰退较早。前瞻记忆（记得将要做的事情）与前大脑功能有紧密的联系。

**大脑损伤**

研究人员非常感兴趣的一个研究领域是研究由正常衰老引起的记忆变化是否真的是大脑损伤的征兆。例如，“轻度认知损伤”被归为介于正常衰老和完全性老年痴呆症之间的一类。很多被诊断为轻度认知损伤的人在五年内就演变成完全性老年痴呆症。

记忆功能障碍是老年痴呆症的早期典型特征。最为常见的老年痴呆症——阿尔茨海默氏症就是如此。在该病的患病初期，只有记忆受到影响，很快其他功能也会受到损伤，如感知、语言和执行（前脑叶）功能。与其他患有选择性健忘症的人不同，阿尔茨海默氏患者在进行外显记忆和内隐记忆的测试时，都具有痴呆的表现。

“遗忘综合征”是记忆损伤最为纯粹的例子，其也关涉到某种形式的具体脑损伤。这些损伤通常会牵涉到前脑的两个关键区域——海马和间脑。这些患者表现出严重的顺行性遗忘和一定程度的逆行性遗忘。顺行性遗忘是指记忆信息丧失发生在大脑损伤之后，而逆行性遗忘是指记忆信息丧失发生在大脑损伤之前。

一般来说，健忘症患者拥有正常的智力、语言能力和瞬时记忆广度，他们只是长期记忆受到损害。对这种损害本质的理解目前仍有争论，有些理论家认为是对情境记忆的选择性丧失，其他人则认为丧失了包括陈述性记忆在内的范围广泛的记忆。外显记忆指的是对事实、事件或者能够回忆并有意识表达的陈述的记忆。相比较而言，健忘症对现存的内隐记忆（程序性记忆）

的影响甚微。患者也可以形成新的程序性记忆（即以前没学会的技巧或者习惯），如杂耍或者骑独轮车。换句话说，健忘症患者能正常地（或者非常接近正常地）执行广泛的内隐记忆任务，无论这些任务是否需要新的或是老的技巧。

健忘症患者也许学不会新信息（经过一段时间就会忘记），尽管他们能够背诵他们注意范围内的信息；他们也许能够保留儿时的记忆，却几乎无法获取新记忆；他们也许能够报时，却不知是哪一年；他们也许很快就能学会像打字这样的新技巧，却否认使用了键盘。不同层级健忘症的表现特征不同，这取决于大脑损伤的具体部位。看起来，是健忘症患者长期记忆的“出版社”（位于大脑的海马或者间脑）而不是其“图书馆”（位于大脑皮质）受到了损伤，因为记忆（书籍）保存在“图书馆”里。不同类型的健忘症表现特征不同，这取决于大脑损伤的位置。

记忆在日常生活中发挥着非常重要的作用，丧失记忆后会对照顾者形成巨大的压力。有的患者会不断重复问相同的问题，因为他们不记得以前已经问过或者完成了这项任务。外部辅助物（如个人电脑笔记本）是有帮助的，但记忆不像肌肉一样可以通过训练机器来改善。

记忆损伤很少单独发生，因而通过临床实践和研究对患者的记忆障碍进行系统评估尤为重要。一种最为常见的记忆损伤叫作科萨科夫综合征，该病通常还会影响除记忆之外的其他心理机能。因此，建议对记忆丧失患者的其他心理能力（如感知、注意、智力及语言和脑前叶功能）进行评估。

**心理损伤**

并非所有的记忆障碍都是由疾病或伤害引起的。一些心理学家认为，有些记忆障碍是由心理或者情感因素引起的，而不是由神经性大脑伤害引起的。有这样一些例子，当患者进入一种与记忆部分或全部分离的分离性状态（分离性状态的例子之一是神游状态），在该状态下，人们完全丧失了个人身份和与之伴随的记忆。他们经常意识不到任何问题，而且经常采用新的身份。这一神游状态只有当患者在突发事件后几天、几个月甚至几年“苏醒”

时才会变得明显起来。

由一些心理学家定义的分离性状态形式是多重人格障碍，这种情况下，不同人格处理个人过去生活的不同方面。这可以保护个人免受潜在危害记忆的伤害，也能与犯罪相联系。

1977 年，洛杉矶发生了一起山腰绞杀手的案件。肯尼斯·比安琪被指控强奸并杀害了多名妇女，尽管证据确凿，但他拒不认罪，而且声称对谋杀一无所知。比安琪在催眠状态下，另一个以斯蒂夫为名字出现的人格声称对强奸和谋杀负责。解除催眠时，比安琪声称对斯蒂夫和催眠师之间的对话一无所知。如果两个或者两个以上的人格存在于一个人身上，将会产生法律问题，即哪一个将会被指控有罪呢？在本案中，裁决不利于比安琪，因为法庭没有采用他拥有两个人格的说法。

至于对比安琪的审判，心埋学家指出，比安琪的其他人格出现在丌庭中，而在此过程中，催眠师向比安琪暗示他的另一个部分将会出现。催眠作用可能是因为比安琪按照测试师的指令做，从而暗示另一个人格可能存在。比安琪也利用这一次机会为自己辩护。而且，警方认为，比安琪对心理疾病，特别是对多重人格病例的基本了解也许为他令人信服的反应提供了基础。

所谓的多重人格障碍因其具有戏剧性已经成为媒体感兴趣的话题，许多描述这种案例的书也出版了。《三面夏娃》和《一级恐惧》就是基于这一障碍的两部电影。在《一级恐惧》这部电影中，一个被指控犯有谋杀罪的男子成功地假装患有多重人格障碍逃过了罪责。

在现实生活中，人们可以伪装记忆丧失，要检测出这种伪装仍是一个挑战。伪装就意味着其表演水平比正常情况要低。人们有意识地这么做也许是为了获得经济上的奖赏，也许是为了引起照顾者的注意，否则，这种动机就处于更深层的无意识水平。

## 第三节
# 语言加工

众所周知，与分辨脚步声、区分图片上的苹果和香蕉相比较，识别语言或者阅读文字要复杂得多。语言的不同之处在于它是人类所拥有的最有力的交流工具。通过语言，人类不仅能交流思想感情，还能进行文化、生活方式和世界观的交流。所有的民族都有语言能力，但语言彼此有别，比如，我们有不同的语言、方言，甚至口音也不同。语言具有使我们与其他动物明显区别开来的功能。尽管动物也有交流体系，但其复杂程度与人类语言相去甚远。

## 神经影像学研究

神经影像（脑影像）使我们能够看到活体脑的图片。神经影像学研究显示左侧大脑半球比右侧大脑半球更多地参与语言任务，这和神经心理学的研究结果相同；此外，神经影像学研究还显示，在进行发音、韵律、造句和语义分析加工时，大脑的兴奋部位不同。然而，研究神经影像学时却存在一个问题：在不同的研究中，同一个语言加工过程，大脑的兴奋部位不同。这可能是因为研究所用的刺激方法不同，所要完成的任务不同。科学家们倾向于认为：在特定的条件下，不同的研究侧重于语言加工的不同方面。因此，“全景”必须通过对全体大样本的调查才能得到，不过目前还没有这样的调查。

总之，假如大脑中有像语言机制这样的事物的话，这个事物肯定为人类所独有，且很可能在左侧大脑半球。然而，大脑某个特定区域不太可能独立控制某种语言能力，也不太可能只完成一个独立任务。在语言过程中，大脑兴奋区域有很多重叠，且这些重叠因人、因刺激不同而异。

# 语言的理解

理解口语是一个迅速而自动的行为。我们每天都会听到数以千计的词和句子，理解起来也很快。然而，理解语言看起来简单不费力，却包含丰富的声音、词汇、语法规则、听力以及语言加工技巧知识。语言加工可分为四个阶段：感知阶段、词汇阶段、句子阶段和语篇阶段。句子的加工包括句法（语言的构造）和语义（赋予语素以意义）。四个阶段相互反馈，相互加工。

**语音感知**

理解语言以感知气压变化（声音信号）开始，以完全整合信息结束。语言加工开始时，我们的感知系统必须把声音信号转换为一连串的音素。比如把声音信号转换成 40 多个英语音素比表面看起来要难很多，听者必须清楚，音素没有自己的“声音名片”。比如，同一个音素［s］，在“suc”和“see”中发音不同，在发“sue”音时嘴唇是圆的，而在发“see”音时嘴唇伸长，这是协同发音（把声音连起来发）的一种效果，在声音信号中能反映出这些区别来。因此，一个音素［s］，有多个而不是一个“声音名片”。

声音信号与音素的差别迫使我们的感知系统把每一个音素与和它相近的因素作区别，也就是说，在确定我们听到的是哪个音素前需要考虑音素是如何协同发音的。正因为我们能识别声音信号的这些差别，许多科学家认为我们感知语音和感知其他声音（如音乐）的方式有差别。人类拥有特殊的解决语音感知问题的结构，从而可以快速推算出声音是如何协同发声的。我们能感知语音是因为我们知道如何发音，这个大胆的假说是阿尔文·利伯曼和他的同事们在语音感知的运动理论中提出来的。从 20 世纪 50 年代开始，阿尔文·利伯曼和他的同事们在纽约和纽黑文的哈金斯实验室里，经过 50 年的研究提出了此理论。

**词汇通达**

一旦语音信号转换成一系列的音素，词汇通达就开始了。词汇通达是把一系列音素与各种可能有关的词汇相联系的过程。其不足之处是，在实际说话中，很少在单词间有清楚的停顿，说话的声音连成一片。因此，从理论上说，不能区别“lettuce”和“let us”，而可以区别“decay”和“bloody cable”，这就是为什么词汇通达需要经过词切分这个过程。研究表明，听者会用不同的信息方式来确定声音信号的词汇切分点（包括感觉、发音、重音和停顿）。

事实上，在听到“bloody cable”时，我们不太可能想到“decay”，因为这样理解会形成两个无意义词汇：“bloo”和“ble”。我们一般喜欢能产生有意义的词和有含义的句子的切分处理。我们听到声音就能切分成“bloody”和“cable”，是因为我们知道这两个词。

有些音素出现在单词的开头或结尾时发音略有差别（认真听以区分“gray chip”和“great ship”），我们的感知系统可以敏锐察觉这些差异，并用以作为词汇切分的依据。

在英语中，以［z］开头的单词比以［k］或［s］开头的少很多，且很多英语单词把重音放在第一个音节（如“painter”和“table”）。这类规律在英语中还有很多，它们影响着我们对语音的切分。例如，我们容易把单词的第一个音节发成重音（有时甚至导致切分错误，如“a tension”听者会误认为是“attention”）。如果切分正确，就能识别出语音。

↑图中人们正在召开商务会议。关于人们怎样加工语言和现代技术对语言理解的影响是什么有很多不同的心理学理论。我们能够理解语言的一个重要方面是因为我们以前拥有有关语言运行方式和正在谈论话题的知识。

此外，听者要联系句子的前后来理解词的含义。理解句子的重要一步是剖析，剖析包括理解词序以及其他信息以确定句子中谁是主语、谁是宾语等，以及词在句子中的词性（即名词、动词、形容词、副词等）。这可以使我们理解“The dog chases the cat（狗追逐猫）”和“The cat chases the dog（猫追逐狗）”的差异，这一步我们一般用所学的语法知识就能做到。但是，有些句子即使语序已经分析清楚了，但剖析起来仍不清晰。比如说，“妄自尊大的父亲和孩子一起来唱歌了”这句话，就不知道是父亲还是父亲和孩子都妄自尊大。此时，韵律学内容（如语调、重读以及时间安排）可能会有帮助。如果只有父亲妄自尊大，则在说到“父亲”后会有一个停顿，说“父亲”语速较缓，开始说“孩子”时音调上扬。

我们一开始听到一句话，一般不知道接下来会说些什么，在句子快说完时，又不能回头去听最开始说的话。语言的连贯性对我们如何理解语句的时间过程影响很大，听到句子：“The horse raced past the barn fell”，直到听到 fell 时，我们才清楚我们原先构建的句式结构有错误（应把“raced”理解为动词而不是名词性短语）。此时，必须重新理解这个句子，把“raced”看成被动分词，句子分解为“The horse，raced past the barn，fell”（那匹跑着经过谷仓的马摔倒了）。

**语篇加工**

当句子组合成语篇（即事件顺序合乎逻辑）时，其中包含丰富的信息和几个主要观点。我们的记忆不能记住语篇里所有的词，然而，我们可以只提取关键的词和观点。研究语篇加工的专家主要研究我们是怎样做到这一点的。

有一种过时的观点认为信息加工完全是自下而上的。按照此观点，我们倾听每一个词汇并花同样精力理解每一个含义。这种假说的问题在于它不能解释为什么我们有时能预测句子中的词汇。例如，当听到“在英国，交通很差，而真正困扰那些美国游客的是要驾驶在……”时，我们可能会推测接下来的词是“左侧”而不是“右侧”或者“人行横道”。语篇加工有一种很强的自上而下的成分，在加工中，我们拥有的有关语言、世界和话题的知识有助于填补空白。

20 世纪 90 年代，心理学家沃尔特·金西提出了语篇加工理论。此理论第一次提出语篇加工过程中一个故事会精简为几个陈述，如“现在是六点钟”、“那位女士需要面包”、“她去了面包店”、“面包店在繁华街区”、“那位女士和面包师争论”等，这些陈述在人脑中是短期记忆，经过自上而下的过程变成长期记忆。比如说，我们知道繁华街道上的面包店很晚才关门，还知道那个女士有些生气，因此这个女士和面包师争论就不足为奇等。最后，对陈述的整合（是自下而上的）和来自于长期记忆的推论（是自上而下的）两者一起形成了对整个语篇的记流水账式的陈述，而语篇中的大部分细节则被遗漏了。

## 阅读

正如语言的理解一样，阅读包括一系列很好的相互配合的步骤。阅读者必须认识书面语，将它们组合成词汇，在心理词汇里回想这些词汇，进而理解其含义。阅读的深层次的步骤包括利用句法规则理解句子的含义，以及从长期记忆中提炼出结论来理解全文的主题思想。在口语和书面语的识别过程中，许多高层次识别过程是一样的（如句法），但是两者在两个重要方面有区别。

两者最大的不同在于摄取信息的方式不同。声音信号稍纵即逝，听者不能掌控，而书本上的字词只要需要就总能看到。这种差异对阅读中的感知机制的类型有影响，例如，在阅读时，如果需要，可以随时回头看看已经看过的词汇。

另一个重要区别是语言至少伴随我们有三万年，而最古老的文字只有6 000年。同样，初学者很自然就能理解和使用口语，而阅读和写作需要长时间正规有效的训练。此外，书面语有明确的词界，这一点和口语不同。书面语的词汇由上文可知，口语的词汇常因为连读而切分不明。因此，词汇切分问题在口语中是非常重要的问题，但是在阅读中根本不存在这个问题。

**书面语的识别**

很多对阅读的研究是在一个单词单独出现的情况下进行的。单词的识

↑ 图中学习阅读的儿童不知道阅读涉及的复杂过程，即使是最基本的阅读能力学习所涉及的过程也很复杂。

别有三个层次：字形层次（字母简单的物质属性，如“k”是由一竖线和两斜线组成）、字母层次和词汇层次。尽管有人认为识别字母特征应当先于识别字母，而识别字母比识别词汇要早，但是事实往往并非如此。如果让一串字符在电脑显示屏上一闪而过，然后询问这串字符是以两个字母中的哪一个结尾（比如说是“d”还是“k”），当这串字符是一个词时（如“work”）读者表达更准确，而当不是词（如“owrk”）时则没有那么准确。这个结果被称为单词的优先效应：词汇知识使得识别变得容易。因此，书面语识别的三个层次之间有自下而上和自上而下两种联系方式，这就是所谓的互动激发。

很多书面语识别模式中可以看到三个层次的互动激活。1981 年，詹姆斯·麦克莱兰和戴维·鲁梅尔哈特提出的词汇识别模式包括自下而上的联系（从字形到字母，再到单词）和自上而下（由单词到字母，再到字母特征）的联系。自上而下的联系对解释单词的优先效应至关重要。我们在粗略看到单词“work”时，就清楚了它的词汇层次，随后再运用自下而上的联系，就清楚了其字母层次是由“w”、“o”、“r”、“k”组成，从而对结尾字母“k”的印象很深。与自下而上的联系一样，自上而下的联系在日常生活中常被用到，如在破译不熟悉的手稿、开车在街上快速驶过时看路边指示牌时就要用到自上而下的联系。

### 用眼读还是用耳朵阅读

我们在看一篇文章时，禁不住会把正在看的东西读出来，我们甚至经常能听到我们体内的“声音”。假如书面语可以大略看成是语音的记录的话，那么在阅读书面语时出现听觉和视觉语言系统并不奇怪；并且，因为阅读是人类的进化和儿童发育中较晚出现的事物，因此，一些阅读机制可能是在语言识别时“捎带”出现的。

有一个观点认为阅读只与视觉有关：我们用眼睛来阅读。这一观点认为，视觉分析过程是识别字母并将字母归类为图形码的过程，其中字母被称作字形，是写作体系的最小基础单位，字形代表一个音节的一个或几个字母，一个完整的视觉样式在我们的精神词汇中对应一个词汇。这种眼睛阅读理论不涉及任何音韵学的知识，因此，能较好地解释我们在阅读时不会混淆单音节词（比如“two”和“too”），它把每一个词汇看成一个记号（就像物体），因而不用考虑它和别的词音相近。此理论能很好地解释我们为什么可以快速阅读，如果阅读时单词要发出声就不能快速阅读，而视觉阅读每次可以看到多个单词和字母。

然而，也有用耳朵阅读的证据（阅读过程中自动把字形转换成语音）。儿童学习阅读之前先学习口语，因而他们在学习阅读时的一个方法就是把字形和已掌握的语音联系起来学习（如字母“I”发［i］音，“ph”发［f］音）。人们阅读费解的材料时嘴唇常在动，好像语音能帮助认识单词似的。当我们遇到不认识的单词或需要假读（错误的单词）而必须大声朗读时，把阅读材料转化成语音非常重要。此外，用耳朵阅读可能更高效，如果阅读量多、词汇量很大，语音方法更加高效。比如说，如果我们把字形转换成声音，就不需要知道单词如何拼写。声音转换路径产生的语音表征直接和口语识别过程中的语音词汇相联系。两种阅读路径看来都是对的，甚至可以说都是必须的。如果不能直接见到“cause”和“gauge”，我们就无法知道两者的“au”发音有别；如果没有声音转换，我们就无法学习新的词汇。为了解释这些问题，心理学家们猜测我们用眼睛和耳朵来阅读和朗诵书面文字。在双重路径模式下，我们用两套机制理解书面文字：直接路径通过简单的视觉关联将外来信息在大脑中形成映像，声音路径包括字形—声音转换过程。两种路径中哪种占主导地位是由很多因素决定的，比如我们所阅读的文字的类型。

## 语言和思维

我们所思考的许多东西（解决一个问题、计划一件事情、分析一个决定的利与弊）都伴随有一个听不见的内在声音，它把我们的想法转换成词汇。如果没有内在声音将会发生什么呢？也就是说，如果我们没有语言，我们的思维会发生什么呢？我们会停止思考吗？或者说我们的思考方式会发生变化吗？如果思考不依赖于语言而存在，这将无关紧要吗？

语言假说着重强调语言在认知力方面的影响。偏激一点可以说，“我说话，因此我思考”，这种观点用萨丕尔—沃尔夫假说能很好地证明。在 20 世纪初期，爱德华·萨丕尔和他的学生本杰明·李·沃尔夫声称语言决定我们思考的方式。因为我们有一个词表示爱，所以我们知道爱的感觉是什么样。这就是语言决定论：语言决定我们的思维结构。

语言决定论的一个直接结果是语言相对论。因为语言塑造思维，所以人们语言的不同导致他们的思考方式也不同。按照这种理论，极端一点可以说，如果一种语言中没有表示爱的词，那说话者就不能经历爱的感觉。更合理的说法是，具有不同语言的社会所形成的文化不同，因为他们会给事物、观念、情感贴上不同的标签。

《论语言、思维和现实》一书在 1956 年出版，此书中沃尔夫引用了许多语言实例来论证这个观点，特别是引用 hopi 语（一种美洲土著语）的例子。沃尔夫断言，因为 hopi 语中没有词或句法结构表达时间概念，因此说 hopi 语的人必然在时间上与我们有不同的理解。这个例子后来被证实是错误的。尽管如此，沃尔夫的理论仍然是语言与文化差异之间关系的重要例证。还有几个假说（关于语言是如何把自己的“世界观”强加给使用者）在过去受到很多的关注，并且很多研究者发现了引人注目的证据。

然而，早期心理学家和人类学家们用来评估语言结构和思维过程的一些方法，现在证实是不可靠的，学者们批评调查者们的主观性。最初的萨丕尔—沃尔夫假说如今不再有很多拥护者。来自不同语言背景的人能够有效地进行交流，甚至当他们没有共同语言时亦是如此。一种语言可能没有一个词来描述一种事物，但是，把几个其他的词结合起来一般能表达相同的意思。同样，尽管澳洲土著语中没有词汇表示数字，但是说那些语言的人能和使用别的语言的人一样去计算和推理。

如今，人们倾向于接受萨丕尔—沃尔夫假说较为温和的版本，这种观点认为，语言只影响一些观念和记忆。例如，如果一种语言很少有颜色名，则使用这种语言的人可能不能准确确定两种颜色的异与同。实验也表明，如果事情和我们熟悉的词有关，我们则更容易回忆起来。词汇影响我们的感知和记忆体系对待外界的方式，而不是影响我们怎么去思考世界。

萨丕尔—沃尔夫假说是在人们都普遍对文化差异和语言理论感兴趣的时候提出来的，它不是对语言和思维如何相互作用的准确描述。对婴儿思维的深入研究表明，没有语言，思维仍存在。语言和思维在人生的初期很可能是共存的，两者之间很少相互作用，后来在不断变化的文化、社会和语言环境中，两者融合成为更复杂的能力。

语言不仅仅是一系列有含义的声音或图片。它按照有限的语法规则和有限的词组织起来，却能创造出无限的句子和含义。尽管有些非人的生物使用精妙的交流体系，但是它们没有如此有力的生成机制。即使人们按照语言的组合规则来教黑猩猩使用语言符号，但是和人相比，它们的造句仍然很差，很不灵活。

无论是书面语还是口语，都有积木式结构。声音或视觉特征合成音素或字形，音素和字形合成词，词又合成词汇。语法规则规定了大家可以接受的组织词汇的方式。

来自于大脑损伤的病人以及神经成像研究的证据使我们洞悉了语言加工和大脑之间的关系。语言功能主要集中在左侧大脑半球的颞叶和额叶，特殊的语言损伤（如失语症）常与大脑的不同分区的损伤有关。

与阅读和书写相反，言语的理解和生成是本能习得的。幼儿在第一年里语言特殊的语音感知策略发育为第二年里的第一个词的出现打下了基础。尽管人看起来很容易学会语言，但其实必须接受大量的语言刺激才能完全掌握（特别是在青春期之前语言发育的关键时期）。

20 世纪上半叶，研究人员支持语言决定论（认为语言决定思维方式）。然而，经研究证实，其论据不足以令人信服。今天，我们认可此理论的修正版，即语言有时影响我们的感知和记忆，但无法决定我们思维的方式。

## 第四节
## 问题解决

心理学家使用“问题解决”这个术语来描述个体处理复杂情境的能力，个体若要达到目标，就要具备创新能力与敏捷的思维。虽然一些动物也能解决问题，但解决复杂问题的能力普遍被认为是人类区别于其他动物的标准之一。人们使问题得以解决的推理过程使心理学家产生极大的兴趣，并着重于智力的本质研究。

↑ 玩 Rubik 魔方很有意思，可以看出人们具备的解决问题的能力。然而，它不能用来测试智力或研究个体问题解决技能如何发展。

问题解决就是发现一条路径，用以实现无法立即达到的目标。儿童随着从学前教育到求学阶段的成长，他们解决复杂问题的能力也不断增长。一些心理学家认为这些技能是在不同的阶段发展的；而另一些心理学家则认为该能力的发展更是一种循序渐进的有机的方式。为了证实这些观点，研究者设计了多种实验任务。

这些实验有助于阐明问题解决的机制。这些任务要求使用相似推理、逻辑推理、计划以及表述——所有可以通过考察一个对象（或就其他事物来说是一个概念）来推进问题解决的方法。更多的“儿童友好”实验表明，一些问题解决的技能发展时间比心理学家先前假设得更早。

人类解决问题的能力远远超过其他动物种类。事实上，人类经常从有利于自身的问题解决中获得乐趣。

用 20 世纪 80 年代风靡全世界的 Rubik 魔方来举例。魔方由六种不同颜色的小方块组成，这些小方块可以转到不同的位置。游戏的目的是转动小方块使魔方的每一面只有一种颜色。组合的数目非常大，如果你尝试每一种可能，所用的时间可以走遍整个地球表面。但一些人可以在 30 秒之内解决魔方问题。

Rubik 魔方抓到了问题的本质，但它不是测试儿童或多数成人问题解决技能的好测验，因为它太复杂了。为了评估儿童问题解决的能力，研究者必须设计取自被试的正常环境和经验的测试；实验任务也应该设计成可以看出儿童使用什么样的程序来解决问题，以及这些程序如何随时间的推移而发展。

## 计划

计划是问题解决的另一个重要方面，尤其是对复杂而不熟悉的情境而言。儿童通过这种方式避免反复尝试而遭到挫败与浪费时间。然而，计划可以是高要求的，如果儿童没有正确执行计划或者问题太难而无法解决，那么所有努力都会白费。另外，计划要求克制马上行动的冲动。然而克制行动的能力在童年期发展较差。而且，儿童有时会在缺少计划中受益，比如，能得到父母的帮助。

尽管有这些错综复杂的问题，但儿童似乎从很小的时候就做计划。对此，苏格兰顿德克大学的皮特·维拉曾用 12 个月的婴儿做实验。他让每一组婴儿坐在一张桌子旁，桌子上有一个障碍物，障碍物的上面是一块布。对于其中一组婴儿，一条长绳的一端连在布上，而另一端连着一只玩具（玩具在桌子远离婴儿的另一端）。另一组婴儿的装置几乎是一样的，不过绳的一端没有连着玩具。

第一组婴儿倾向于移动到障碍物那里，把布拉过来，抓到绳子往回拉，拿到玩具。第二组的婴儿倾向于玩障碍物，更晚接触到布，而且不去拉绳子，他们的行动说明他们意识到绳子无法帮他们得到玩具。

### 目标与子目标

第一组中成功完成任务涉及要把当前状况与目标状况做比较，以及寻找使两者统一的行动——拉绳子得到玩具。因为婴儿最开始拿不到绳子，他就设定了使绳子靠近的子目标，通过移动布来达到目标。然而，这样的行动也不是马上具有可能性的，因为有障碍物，所以移开障碍物是婴儿的另一个子目标。为了减少当前状况与目标状况的差异，目标与子目标的设定是一种计划形式，称为方法穷尽分析，而方法穷尽分析能力的萌芽是在婴儿四个月大的时候。

随着儿童的成长，在他们头脑中保持的子目标的数量与复杂度随他们的抵制能力（抵制与长期目标背道而驰的短期目标的能力）的增加而增加。这些发展与一个更重要的利用方法穷尽策略的能力相关。

问题解决经常试图探讨是什么引起特殊事件的发生。在一些情境中，很容易找出原因，比如一只台球撞击另一只，被撞击的球开始滚动。但为什么我们认为是第一只球引起第二只球的滚动呢？第二只球是否有可能因其他原因而滚动呢？

### 因果评价

因果评价基于三个主要的原则。第一，当两个事件发生的时间与空间相近，则认为第二个事件是由第一个事件引起的，这个原则称为接近原则。第二，所有的原因，不证自明，都发生在结果之前，这个原则称为优先原则。第三，协变原则。这一原则基于这样的假设：若某一原因对先前情况产生特定结果，则这个原因会再次发生。

### 觉察接近性

现代研究表明，就连不到一岁的宝宝也很容易察觉时间与空间的接近性。6 ~ 10 个月大的婴儿关注违背接近性原则事件的时间要长于关注符合该原则事件的时间。在一个实验中，给婴儿呈现一段影片——一个运动的物体撞击一个静止的物体而使后者运动。而他们后来看到的一系列镜头是第二个物体在第一个物体还没有碰到它之前就开始运动。最后，他们看到的镜头是第二个物体在第一个物体撞击它 3/4 秒后才开始运动。婴儿更多地注意第二种“违背原则”镜头并对此表示惊讶。

大多数儿童似乎到三岁左右会使用优先原则（原因优先于结果出现）。1979 年，宾夕法尼亚大学的梅丽·布洛克和罗切尔·格曼使用一个“盒子中的 J 牌”装置，来研究儿童是否理解原因不可能发生在结果之后。这个装置由一个有几个小孔的盒子构成。玻璃弹珠可以从小孔中落入一个管道。在盒子中间有一个开口的地方，J 牌可以从中跳出来。实验的步骤是，研究者先使玻璃弹珠落入管道的一端，J 牌出现，随后再扔下一个珠子落入管道的另一端。而实际上，J 牌出现与弹珠落入管道的哪里无关。J 牌总是在第一颗珠子落入后、第二颗珠子落入之前出现。事实上，实验者压了一下暗藏着的踏板 J 牌就会出现，但孩子们不知道。实验结果表明：所有五岁的儿童能够找出这个珠子落下与 J 牌跳出的关系；88% 的四岁儿童、75% 的三岁儿童也能找出这样的关系。

想要探索在几个可能的原因中哪个才是结果的真正的原因，就必须观察哪些原因出现得有规律而且在结果之前，这种能力（协变原则）似乎也是在三、四岁的时候出现的。1975 年，加拿大蒙特利尔麦吉尔大学的托马斯·舒茨和罗斯林·孟德尔森呈现给儿童一个盒子，盒子上有两根杆和一盏灯。当拉动杆 1 时灯亮，两根杆都拉动时灯亮，只拉动杆 2 时灯不亮。大多数 3 ~ 4 岁的儿童能够推测出是杆 1 的拉动引起了灯亮。

当因果事件的发生没有背景时，儿童似乎不容易察觉其因果关系。举个例子：当一个结果在启动这个结果的事件发生后五秒钟后才出现，五岁的儿童很少发现第一个事件是第二个事件的原因。然而，八岁以后的儿童能察觉此类事件的相关性。

**类比推理**

另一个也是经过发展而非灵光乍现的问题解决机制是类比推理的能力——利用过去的情境知识来应对新情境。为了做到这一点，儿童需要找到熟悉的问题与新问题之间的一致之处，使其“符合”这两种情境。

研究表明，相似推理的基本能力萌芽于婴儿时期。1997 年，Z. 陈和同事在卡耐基–梅隆大学做了一个与皮特·维那相似的实验，即给 10 ~ 13 个月大的婴儿呈现《芝麻街》中的艾美玩偶娃娃，并把它放在障碍物后面。玩偶与一根绳子相连，离婴儿最近的绳子的一端搁在一块布上。

如同维那的实验一样，他们要求婴儿移开障碍物去拉布，使绳了更近，然后去拉绳子拿到艾美玩偶娃娃。无论有没有帮助，完成这项任务之后，都呈现给婴儿两个更深的问题，包括布、玩具和绳子，但只有一套布和绳子真正连接到玩偶。虽然新问题的基本结构类似于原来的问题，但看上去是不相同的——障碍物、布以及绳子的颜色和尺寸都有所变化。而且，儿童要以不同的姿势去完成任务——若他们第一次是坐着的，则第二次就站着，反之亦然。

在最初的任务中，一些 13 个月大的婴儿在没有帮助的情况下，知道如何够到艾美玩偶娃娃。那些不知道怎样做的婴儿由父母为其做示范。大一些的婴儿一旦知道了问题的解决方法，就能更好地迁移到新的问题中去。较小的婴儿只有当试验的内容看上去与原来的任务很像时，才能解决新的问题。

纽约州立大学普彻斯学院的克伦·辛格·弗里曼指出，两岁的儿童无须见过其他人解决问题就能够进行相似推理。她设计了一些问题，包括伸展、固定、打开、滚动、断开以及连接。在其中一个试验中给孩子们一条松紧带、一只玩具鸟和在一端有一棵树另一端有一块石头的风景模型，然后问他们是否能够使用这些材料来使这只鸟飞起来。

在试图完成问题之前，有一些孩子看到了实验者在两根棒之间拉起松紧带来当作“桥”，然后，在桥上滚动一只橘子。没有见过这个演示的孩子中，只有 6% 的想到用伸展的方法来解决搬运问题。在看过演示的孩子中，28% 的孩子解决了新问题。而当给这些孩子需要使用松紧带的提示后，48% 的孩子找到了解决方法。

1986 年，安·布朗和同事们在伊利诺斯大学做的实验表明，儿童能够做更为复杂的相似推理。给 3 ~ 5 岁的儿童讲一个关于妖怪的故事：这个妖怪需要把他的珠宝运过一堵墙，放入一个瓶子里。于是，他把自己的魔毯卷成管状，一端对着瓶口，使珠宝从另一端沿着管子往下滚。实验者用一张纸代表魔毯作为道具来展示这个故事。然后，实验者试图去探索儿童是否能够将这个例子应用于一个相似却稍微有所不同的问题中。

于是，实验者要求儿童考虑一个相似的情境：小兔子要在复活节为孩子们送彩蛋，却跑得太迟了。一个朋友愿意帮助它，却在河对岸。问题就是复活兔怎样把彩蛋给这个朋友而不弄湿彩蛋。复活兔带有一条毛毯，因而类似的解决方法就是把毛毯卷成管子状，把彩蛋从中滚过去，就像妖怪处理他的珠宝一样。有一些五岁的孩子找到了解决办法，但三岁的却很少有成功的。

除了听故事外，一些儿童还被要求去帮助故事的主人公设立目标并解决问题。比如，“谁有难题？”“妖怪需要做什么？”以及“他如何解决他的问题？”无论年龄大小，大多数儿童都成功解决了相似的问题。

这些研究表明，儿童能够使用类比来解决问题，但有时他们要事先知道相似之处。成人经常在把一个问题的解决方法迁移到另一个问题中时失败。像儿童一样，他们在表面特征相似（诸如视觉外观）的时候，更可能找出相似点。所以，即使类推能力随着年龄的增长而增进，有助于成功或导致失败的因素也几乎相同。

## 推理的类型

为了探究推理的运用，加拿大渥太华卡尔莱顿大学的凯瑟琳·盖洛提设计了以下问题：

所有的 shakdee 有 3 只眼睛。

Myro 是 1 只 shakdee。

Myro 有 3 只眼睛吗？

如果你正确推理，你的答案为“是”。然而，你并不知道 shakdee 是个什么东西，甚至不知道它是不是真的有 3 只眼。你的回答是基于演绎推理而得出的，结论可能在现实中不存在，但从逻辑上讲，却符合所给定的信息（前提）。只要前提为真，演绎推理的结论就为真。换言之，演绎推理的正确答案是要与论点的形式一致而不考虑其内容。

相反，有时我们使用推理来得出可能对的结论，但没有严格按照给定的前提。考虑以下问题：

Myro 是 1 只 shakdee。

Myro 有 3 只眼睛。

所有的 shakdee 都有 3 只眼吗？

这个问题不存在固定的答案。即使所有的 shakdee 都有 3 只眼睛，所提

↑ 研究者基于动物（诸如猫、狗、鬣狗）的个性特征和行为组织推理问题来测试儿童的演绎推理技能。结果表明，儿童能够在 4 岁或 5 岁时进行演绎推理。

供的信息也无法得出这个结论。回答“是”，是基于对特例的概括，是一个归纳推理的过程。

由于演绎推理着重于论证的形式而非内容，它就涉及一种逻辑思维。皮亚杰认为这种思维至少在儿童 7 岁的时候才会出现。推理的一些方面也涉及元认知过程，皮亚杰认为这种能力是到 11 岁才能发展出来的。然而，纽约成长入门学院的 J. 霍金斯和他的同事们发现，4 ~ 5 岁的儿童在演绎一些对立问题上完成得也很好。

### 匹配与不匹配

在上述问题中，有的所包含的前提与儿童的实践经验相匹配（一致的），另一些的前提则不匹配（不一致的）。第三种问题的设定包括了虚构的生物和情境，而与实际知识经验没有关系。

霍金斯发现，在问儿童虚构问题先于问其他种类问题的情况下，儿童表现得最好。鉴于这一发现，上述问题的排列次序是否有可能提示儿童他们应该在接下来的问题中忽略实际经验知识（通过经历和观察得到的知识）？更深入的研究指出，这可能只是个别现象。巴西的研究者玛丽亚·迪亚斯和来自哈佛大学的保罗·哈里斯给 4 ~ 5 岁的儿童一系列推理问题，包括已知的事实（所有的猫都喵喵叫，瑞克斯是只猫，瑞克斯喵喵叫吗），或者前提与事实相反（雪是黑的，汤姆接触到一堆雪，这些雪是黑的吗）。对于其中一组儿童，针对问题予以“演示”，例如用玩具猫、玩具狗、玩具鬣狗来展示，而且实验者尽可能地模仿猫叫、狗吠和鬣狗笑。第 2 组儿童只是被简单地告知前提而没有给任何玩具或做任何展示。未经演示的儿童只在他们“了解的事实”问题上回答得正确，而在“演示”组里的儿童在三种类型的问题中都表现良好。

为了排除玩具动物在“演示”组促进儿童记忆的可能性，实验者导入第二次实验。首先简单地告诉“演示”组问题的前提，但要求他们想象实验者是在另一个与地球大相径庭的行星上。这组儿童的表现结果又一次达到很好的水平——一旦让他们去猜想未知的事情，他们就能清除头脑中不相关的事件，从而切断对实验问题的直接记忆。

这些研究表明，虽然儿童容易受所提问题的上下联系和问题本身内容的影响，但他们也能在比皮亚杰所预言的更早的年龄阶段做演绎推理。

**实用推理图式**

另一项被普遍用于探究儿童与成人演绎推理的任务叫作选择任务，由皮特·华生在 1966 年首次使用。在最初的任务样式中，呈现给参与者四条不充分而且模糊的依据，问他们哪一条需要进行检查来检验规则的真假。这项任务的典型样式就是检查以下规则：“如果卡片的一面是元音，则另一面是一个偶数。”呈现给参与者四张卡片，并告诉他们每张卡片上一面是字母，一面是数字。卡片的正面可以是 E、K、4、7。为了检验规则，你需要找寻可能推翻规则的卡片。在这个例子中，任何一张卡片上如果一面是元音而另一面是奇数，就意味着规则是错误的。因此，应该翻看 E、7 两张卡片。

只有约 10% 的人正确地完成了这项任务，但这项任务修改一下后，使其与更加现实的情况相联系，操作的正确率将大大增加。这表示这样的任务激活了头脑中熟悉的知识结构——这种知识结构被心理学家称为实用推理图式。

还有一种类型的图式被称为准许图式，当我们考虑准许规则时，该图式被激活。因为儿童会遇到可能会处理或不会处理的规则，他们可能被期待在一个很早的年龄阶段就具备推理能力。

英格兰奥普大学的保罗·莱特在 1989 年进行的实验里以 6 ~ 7 岁的儿童为研究对象。他使用的规则之一是：“警察说，在这个镇上的所有卡车全部在中心区以外。”这个规则倾向于现实性。而所用的另一个规则具有任意性和零散性：“在这场游戏中，所有的蘑菇必须在木板中心区以外。”呈现在儿童面前的是一块中心区为棕色，周围是白色的游戏板。用图画来表示卡车与蘑菇、轿车与花朵，其中 2 辆卡车（或 2 朵蘑菇）和 1 辆轿车（或 1 朵花）呈现于中心区，1 辆卡车（或 1 朵蘑菇），3 辆轿车（或 3 朵花）在周围区域。

下面给儿童指派各种任务。首先，要求他们移动木板上的图片，使其符合规则。这个任务包括把卡车与蘑菇移出中心区域。其次，实验者移动1辆轿车或花朵到中心外并且问儿童这是否违背规则。然后，要求儿童移动1张图片使其违背规则。最后，展示给儿童一种选择任务，再次呈现给他们那块棕色与白色的木板和两张图片朝下的卡片。一张图片放在中心区，另一张放在周围区。问儿童，如果要检验是否违背规则，哪一张卡片需要翻看。一旦他们翻开一张卡片，就问他们是否违背了规则。

当使用关于卡车的现实规则时，45%的6岁儿童和77%的7岁儿童回答正确。但当使用关于蘑菇的任意规则时，仅有5%的6岁儿童和23%的7岁儿童回答正确。莱特和他的同事们也指出，使用现实内容操作正确的儿童经常能够有效地将这一能力迁移到抽象推理。给其中一些正确操作的儿童一个涉及正方形和三角形的抽象任务（所有的三角形必须在中心区），结果，有30%的6岁儿童与59%的7岁儿童正确作答。

## 准许规则

英国牛津大学的保罗·哈里斯和西班牙巴塞罗那自治大学的玛丽亚·努涅斯指出，甚至3～4岁的儿童都能够进行一些基本的准许规则的推理。这个年龄的大部分儿童能够从四张一组的图片中找到证明打破规则的一张图片。例如，一个叫萨利的女孩想出去玩，萨利的妈妈告诉她："如果你出去玩，你就必须穿上外套。"然后，向儿童展示一张萨利在室内穿着外套的照片、一张在室外穿着外套的照片，以及一张萨利在室外不穿外套的照片。大多数儿童正确地选出了打破规则的最后一张照片。同时，他们对"萨利正在做什么说明她很淘气"的问题给出了合理的答案。

### 逆转推理

在儿童中最普遍使用的演绎推理的测试之一是逆转推理任务。逆转推理问题的一个范例是：

安比布赖恩高。

布赖恩比克莱尔高。

安比克莱尔高吗？

正确的答案是“是”。这个问题的大小关系常用 A>B>C 来表示。在上述问题中，仅有三个主项（安、布赖恩和克莱尔）。在实验中，研究者为了避免问题的“标志性”而至少得使用五个主项。因为在上面的问题中可以发现，安被提及比某人高，而没有提及克莱尔比谁高。所以，儿童有可能基于安这个标志来做出正确的判断，而不是从给定的数据中逆转推理。

现假设：

安比布赖恩高。

布赖恩比克莱尔高。

克莱尔比大卫高。

大卫比伊丽莎白高。

布赖恩比大卫高吗？

这里的回答就不可能基于标志，因为布赖恩和大卫都有“高于”的标志——要回答这个问题，就得做逆转推理。

皮亚杰称儿童在七岁时才能发展出逻辑推理，但随后的许多研究指出，儿童在这之前就能够做逆转推理了。

**圆点棒**

这个领域最具启发性的研究来自英国的研究者 P. 布莱恩特和 T. 特拉巴索。他们在 1971 年发表了自己的研究成果。在实验中，他们使用颜色和长短不同的五根木棒。A 是红的，比白色的棒 B 长；棒 B 比蓝色的棒 C 长，棒 C 比绿色的棒 D 长，棒 D 比黄色的棒 E 长。在实验的训练阶段，木棒在儿童面前成对出现——A 和 B、B 和 C、C 和 D、D 和 E。在测试阶段重新呈现给他们木棒，但此时看不到木棒的全部——它们被放置在一个洞中，只能看见木棒的顶端，然后问儿童配对的木棒中哪一根更长或更短。

儿童在做出选择后，就拿出木棒，这样他们可以看到自己的回答是否正确。在下一阶段的实验中，儿童得在没有任何视觉反馈的情况下亲自做出评

↑ 心理学家发现儿童大约在 3 岁时就能推理基本的准许规则。

估——换言之，他们看不到自己的回答是否正确。参加测试的 4 ~ 6 岁的儿童，在做逆转比较推理上达到了高于概率水平的成绩——换句话说，就是他们的正确回答的题数过半。尤其是 78% 的 4 岁儿童、88% 的 5 岁儿童，以及 92% 的 6 岁儿童在关键性的一步 B>D 的比较能够做出正确反应。

### 元认知

虽然儿童能够做演绎推理，但这并不意味着他们理解为什么演绎推理是正确的，因为这样的理解要求元认知技能（对思维的思维能力）。甚至大于 4 岁的儿童也分不清结果是逻辑上必然这样还是实际经验上必然这样。对于一个“在我手里捏着的玻璃片要么是蓝色，要么不是蓝色”的陈述，7 岁的儿童经常无法接受它是正确的，直到实验者真的把手打开让他看。这是因为 4 岁或再大一点的儿童对演绎推理与归纳推理的反应不同并不意味着他们理解两者的区别。

在探究这样的理解能力何时出现的努力中，凯瑟琳·盖洛提和她的同事们在加拿大渥太华卡莱顿大学主持了两个实验。实验中，他们给儿童一系列演绎推理和归纳推理的虚构内容的问题。除了回答问题之外，还要求儿童评估对回答的自信程度以及解释自己的回答。不同年龄的儿童都倾向于对演绎推理的作答快于归纳推理。然而，就正确率来讲，幼儿阶段（4 ~ 5 岁）演绎推理的正确率与归纳推理差不多。到了小学二年级（大约 6 ~ 7 岁），儿童开始区分演绎推理与归纳推理的问题，但能够更明确地界定这两种问题要到小学四年级（大约 8 ~ 9 岁）。四年级的儿童对两种问题的反应不同，对演绎推理问题的回答上信心更大一点。

### 守恒问题

皮亚杰认为直到儿童能够理解的时候才应该被教授数字概念。他探究儿童对数字理解能力的方式之一是通过守恒问题实验：在一项经典的守恒问题中，呈现给儿童两排一模一样的筹码，然后问他们如果筹码变成一排，数目会多还是不变。接下来，筹码被摆成了一排，比原来的排列显得长。皮亚杰发现，7 岁以下的儿童会说排得长的一组筹码比另一组数目多。这支持了他的理论——儿童直到具体运算阶段（7 ～ 11 岁）才理解数量守恒。

但在皮亚杰的守恒任务中有个问题。如果有人两次问你同样的问题，那么通常说明你应该改变你的答案，在当一个提问者比你年长或者做了些表现出重要性的事情时，这种感觉尤为突出。为了解决这个困难，苏格兰爱丁堡大学的詹姆斯·麦克加利和玛格丽特·唐纳德设计了一类问题。在这类问题中，向儿童介绍了“淘气玩具熊”。告诉儿童就是这只“熊”有时会从盒子里跳出来，“把玩具弄得一团糟”而且“破坏游戏”。在问题的第一部分，延续以前的做法，问儿童一模一样地排成两排的筹码的数目多少。然后，淘气熊突然出现并且改变了其中一排的长度。提问时，大多数 4 ～ 5 岁的儿童告诉研究者两排仍有相等的筹码数目。

1995 年，罗伯特·西格勒发表了他的研究成果，指出儿童对守恒理解的发展是逐步的而并非是通过一个明显的发展阶段。他的研究涉及在一项标准的守恒问题中都回答错误的 5 岁儿童。之后，问这些儿童一系列不同的守恒问题。告知一组儿童他们的回答正确与否，要求另一组成员解释他们的推理并给予他们反馈；第三组是先给反馈，然后再由实验者提问：“你觉得我是怎么知道的？”于是，最后一组儿童得解释实验者的推理。这组儿童的表现比其他两组都好。它涉及现实意义——每排中，排的相应长度不能预测数目，然而，转换的类型（添加或减少筹码，而不是变更排的长度）可以。

西格勒发现，能体会出转换类型的重要性的儿童并没有自动拒绝较低层次的推理形式。而且，儿童从解释实验者的思维中受益的能力有很大的差异。西格勒认为低级与高级的思维方式都能因此而同时出现，正与儿童从一个阶段过渡到另一个阶段的理论相反。

**对类包含的理解**

类包含是皮亚杰将其与具体运算阶段联系起来的另一种逻辑问题。比如，一束鲜花，其中包括4朵红花、2朵白花。皮亚杰在实验中向儿童展示鲜花并提问："这里有更多的红花还是更多的鲜花？"6岁以下的儿童倾向于说有更多的红花。对皮亚杰来说，这是儿童无法同时考虑部分和整体的证据。在这个例子中，他们无法想到红花子集和鲜花全集的关系。

然而，对皮亚杰的描述方式有所质疑的地方是，其描述看起来违背了正常交流的习惯。问题"这里有更多红花还是有更多的鲜花"听起来很奇怪。一个更为自然的提问方式可以是："是不是有更多的红花？或者是不是有更多的鲜花？"一些研究已经发现，当问题涉及熟悉的集体名词，诸如"一束鲜花"、"一个班的儿童"或"一堆木块"时，5～6岁的儿童（在一项实验中3～4岁）可以正确回答类包含问题。

给儿童一窝玩具鼠（2只大老鼠父母和3只小老鼠孩子）或一组溜溜球（2个大溜溜球作为父母，2个小溜溜球作为孩子）。接下来，要求一组儿童从玩具动物或其他类型玩具的归类中组建有一对父母和3个孩子的家庭。之后，给儿童4个类包含问题，包括玩具青蛙、羊、建筑块以及气球。在这些问题里，使用集体名词"组"、"群"、"堆"以及"束"。另一组没有参与"创建家庭"任务的儿童也给他们同样的问题。研究显示，创建过家庭的儿童在回答类包含问题上比未创建过的儿童好得多。

**信息加工**

英国剑桥大学的乌莎·葛斯瓦米认为，"家庭"这个词语在文章的上下文中是一个极其有用的集合名词。大多数孩子对这个词语非常熟悉，而且知道一个家庭是由父亲、母亲和孩子组成的。一些4～5岁的孩子在进行一般性类包含作业的时候都失败了。葛斯瓦米和同事针对这些孩子做了一个实验。他们给这些孩子呈现出由玩具老鼠组成的一个家庭（其中有2只大老鼠代表老鼠爸爸和老鼠妈妈，还有 3 只小一点的老鼠代表孩子 )。

根据皮亚杰的理论，问题解决的逻辑思维能力直到儿童 7 岁的时候才开始出现，元认知理解到 11 岁才出现。然而后续的研究指出，这种问题解决所必需的能力出现得比皮亚杰所预言的早。

信息加工理论家认为发展的阶段性观点是错误的，他们认为发展是循序渐进的。当儿童的工作记忆容量扩展时，他们就能表征更多的信息和思考更复杂的问题。从守恒研究中也得到了这样的证据：较低层次的思维方式在有了高层次的思维模式后被淘汰。

心理学家所使用的这类实验任务对理解儿童能力何时发展至关重要。

当实验用更多的控制的时候，心理学家能够发现某些能力出现得比原先认为的早。而且很明显的是，当成人让儿童超额完成问题、解决任务的时候，他们犯的错误类型经常和比他们年幼的儿童犯的一样。这似乎与发展是连续的而非一系列阶段性的相一致。

# 第三章

# 神经心理学

## 第一节

## 大脑生理学

大脑是个令人惊奇的器官。它掌控我们的记忆、梦想、恐惧、希望以及我们所有的潜意识或有意识的想法。大脑通过神经系统控制着所有我们意识到的和没有意识到的活动。大脑与其他维持我们身体运转的器官没有太大的区别，尽管它十分复杂。我们可以从解剖学的角度来理解大脑，为它的各个部分命名，揭示它的各个组成部分，分析它的细胞。

不考虑整个神经系统我们就无法理解大脑，因为大脑是神经系统最重要的组成部分。所有的动物，包括人类都有神经系统，尽管不同种类的动物的神经系统的复杂性各不相同。

人类的神经系统是所有动物神经系统中最复杂的，它由两个部分组成。第一个组成部分是中枢神经系统，由脑和脊髓组成。脑是神经系统的控制中心，负责解释和储存从各个感官获取的信息，并利用它们控制身体。

# 周围神经系统

神经系统的第二分区是周围神经系统，由脊神经和脑神经构成。周围神经系统将中枢神经系统与身体其他部分相连。在周围神经系统中的神经几乎都是脊神经，它们通过脊髓同脑相互影响。脑神经则不通过脊髓与脑联系，与脑直接发生联系。除了迷走神经外，脑神经大部分与头部、背部和肩部相连。它们把大脑与眼睛、耳朵及头部的其他部分联系起来。脊神经与脊髓相连并把中枢神经同身体其他部分相连，包括内脏、皮肤和肌肉等。

## 自主神经系统与体神经系统

周围神经系统本身分成两个部分，即自主神经系统和体神经系统。自主神经系统控制身体内部的自动功能（无意识的或不自愿的），如分泌唾液、瞳孔放大、呼吸、心跳和消化等。体神经系统控制附着在骨骼上的骨骼肌肉，主导身体的自愿运动（故意的或有意识的）。

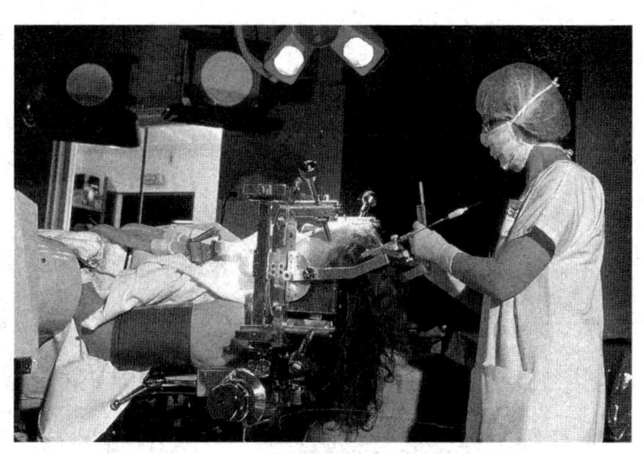

↑ 外科医生正在为一名患有帕金森病的患者动手术。他正在将皮下针状电荷植入头骨中，以便控制和监视大脑。现代外科技术建立在对大脑及其工作状况的深入理解之上，但是科学家对于大脑的了解仍然不多。

自主神经系统与体神经系统由两种神经元（神经细胞）发送信息。

传入神经或者说感觉神经把来自内部器官的信息，或者来自眼睛、耳朵、鼻子、舌头和皮肤等传感器的信息传给中枢神经系统。

传出神经或者说运动神经沿着相反的方向传递信息，把中枢神经发出的信息传给自主神经系统的内部器官和体神经系统的肌肉。

## 交感神经与副交感神经

自主神经系统可以分成两个部分：交感神经系统与副交感神经系统，两者都能处理中枢神经系统传给身体内部器官的神经冲动。交感神经与副交感神经的作用是身体需要突然的能量变化时，在身体上产生平衡反应。

如果一个人要跑，心和肺被激活，而消化系统的活动被降低。为了达到这个目的，就要通过传入神经得到感官信息的反馈，但这两个神经系统大部分都由传出神经构成。

交感神经系统与副交感神经系统控制着身体内各个器官所应有的能量及应有能量的获取时刻。交感神经系统与副交感神经系统的神经活动的水平以及两个神经系统的交互影响决定着每个器官的运动结果。通常来说，交感神经刺激活动；副交感神经减少活动。交感神经促使身体各器官释放更多的能量；副交感神经促使各器官保存能量。一个人受到惊吓时产生的斗争——脱险反应就是交感神经系统的功能之一。

## 中枢神经系统

脊髓位于椎管内，长约 45 厘米；它受到脊骨中脊椎（相互交错的骨骼）的保护。脊髓上端平枕骨大孔处接延髓，下端平第一腰椎体下缘。脊椎的横断面图显示它含有一片被白色组织包裹的 H 形的灰质。灰质包含着高密度的神经细胞体，这些细胞体直接与把脊髓与身体其他部位连在一起的神经细胞相连。白色组织由能够在脊髓中上下传递信息的神经元组成。

含有脂肪的髓磷脂包裹着白色组织并赋予它鲜明的色彩。人在胎儿阶段，脊骨围绕着脊髓生长，形成厚厚的骨盾，保护着脊髓这个脆弱的神经组织。猛烈的冲击（如汽车碰撞）会撞碎脊骨，从而对脊髓构成严重的伤害。当这种情况出现时，受到损伤的脊髓以下的身体部分无法与大脑交流信息，会立刻陷入瘫痪。受到严重损伤的脊髓中的神经细胞会断裂，且无法重新连接起来，因此，这种瘫痪是完全的、永久性的。

### 髓膜

脊髓和脑被三层被称为髓膜的组织保护起来。最外层是一层坚硬的防水物质叫作硬膜。一些头骨受到损害的人，会因为他们的硬膜完好无损地保存下来而不会有任何程度的脑损伤。硬膜里面是蛛网膜，之所以这样命名是因为它的形状类似蛛网。蛛网膜像海绵一样紧密地联结在一起，就像汽车的挡板一样保护大脑。蛛网膜下面是蛛网膜下隙，里面包裹着血管。紧贴着脑与脊髓神经组织表面的是脆弱的软膜，当伤害发生时，软膜可以起到缓冲的作用。

### 脑脊液

脑与脊髓还受到液体——脑脊液的保护。脑脊液充满了脑与脊髓中的蛛网膜下隙和脊髓的中空部分或中央管。因此，脊髓和脑实际上是悬浮在脑脊液中。它可以对身体运动引起的冲击起到缓冲作用。

脑脊液由脑中四个相互连通的称作脑室的腔产生。脑脊液流经大脑中的两个侧室和第三室，到达脑干中的第四室。然后经过第四室，向上进入蛛网膜下隙，向下进入脊髓中央管和脊髓外鞘。最后，脑脊液流入颈部的静脉血管。如果脑脊液的流动受到阻碍，就会产生聚集并引起脑室的膨胀，引起叫作脑水肿的疾病。为了治疗脑水肿，外科医生会在脑室中插入机械导管，使多余的脑脊液流出。

## 神经系统中的细胞

人体中有各种不同种类的细胞。每个细胞都有自己特殊的功能，要么与胃部相连，要么与身体其他部分相连。神经系统的各个细胞也分成不同的种类，每种细胞都有自己的功能。在人体神经细胞中主要有两种细胞：神经元和神经胶质细胞。

### 神经元

神经元（神经细胞）要么单个间相互交流信息，要么百万或千万个组成网络相互交流信息。中枢神经外的细胞结合成电缆状神经链，通过脊髓把大脑与身体其他部分连接起来。按照功能的不同，神经元可以分成四种不同的类型：运动神经元、感觉神经元、中间神经元、皮质神经元。

**运动神经元**　运动神经元把来自中枢神经的信息传递给肌肉和腺体。运动神经元引起有意识的运动以及其他如激素分泌等活动。典型的运动神经元像一棵树，有根系统、树干、枝叶系统。在根系统的中央，有神经元细胞体。在细胞体内，有细胞核。细胞核是细胞的控制中心和基因物质的存储地。细胞体的其他重要组成部分包括产生细胞所需能量的线粒体和合成蛋白质的核糖体。神经元的“树干”叫作轴突，它的长短取决于细胞的类型。

轴突被一层含有脂肪物质的髓磷脂所包裹。髓磷脂把轴突隔离开来并能加速神经元之间的电活动。但是髓磷脂并没有把轴突完全包裹起来，在髓磷脂鞘之间存在微小的缝隙，这里没有髓磷脂，这些缝隙就是著名的朗飞氏节。轴突的“枝干”部分位于树突的另一端，每个枝干都有轴突终末。轴突终末通过附近的神经细胞连接起来并穿过被称作突触的节点。神经元的每个根和枝干通过突触与其他许多神经的树突或其他组织相连。

**感觉神经元** 感觉神经元把眼睛、耳朵、鼻子、舌头、身体上的感觉接收器、器官和皮肤上的神经冲动传给中枢神经系统。每个感觉神经元都属于特定的感觉系统，它不会报告其他感觉系统侦测到的变化。比如，一些感觉神经元仅可以侦测到热度，另一些则仅可以侦测到压力。感觉神经元不同于运动神经元，它的细胞体的轴突从两个方向向外扩展，而它的树突是从轴突的一端向外延伸而不是包裹着细胞体。

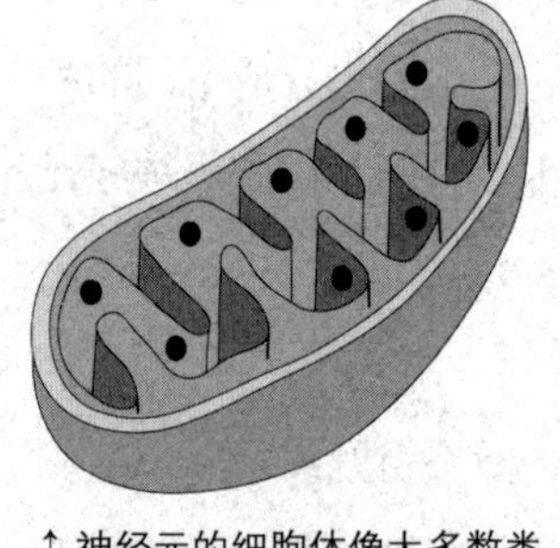

↑ 神经元的细胞体像大多数类型的细胞一样含有微小的细胞器官。线粒体就是这样的细胞器官，它能产生三磷酸腺甙分子，然后被细胞分解并释放出能量。

**中间神经元** 中间神经元仅存在于中枢神经系统中。单个中间神经元可以把许多神经细胞与许多神经元连接起来，而且神经细胞经常也传递中间神经元。中间神经元没有树突，仅由具有轴突和轴突末端的细胞体组成。

**皮质神经元** 皮质神经元包含两种其他神经体系所不具有的神经元。棱锥形细胞因其棱锥体型而得名。当使用脑电图来记录来自人脑的数据时，脑电图所侦测的电子活动主要由棱锥细胞产生。这是因为棱锥细胞以特殊的方式指向放置脑电图记录电荷的头皮表面。星形细胞是脑皮质的另一主要细胞。

**神经胶质细胞**

除了神经元以外，中枢神经系统还包含有神经胶质细胞。神经胶质为神经元发挥作用提供支持。在中枢神经系统中，神经胶质的数量是神经元的10倍，对于轴突周围髓磷脂鞘的形成至关重要。神经胶质细胞的重要作用之一是为神经元提供营养，因此许多神经胶质细胞都同携带营养的血液细胞相互影响。同时，神经胶质会把神经元的老化物质带走以清洁神经元。星形胶质细胞是已知最大的神经胶质细胞，它可以阻止有害物质通过血液进入大脑。

**脑皮质的神经元层**

脑皮质有六层彼此间有特定联系的细胞，每 层细胞都有不同的类型，并存在着一定的内在联系。科学家把最靠近大脑表面的一层编为I，最深一层为VI。棱锥形细胞在第二层、第三层、第五层，星形细胞存在于第二、第三、第四、第五和第六层中。

我们还没有完全理解不同层之间的相互影响，但是我们知道第五层的星形细胞负责处理来自感官的信息，而第六层有来自丘脑末端的突出物。第五层的菱形细胞发出与肌肉活动有关的神经冲动，并把它们从脑皮质送到脊髓。每一层的厚度取决于它们所覆盖的大脑区域。比如，与感官相连的大脑区域就有比较厚的第六层，而在控制肌肉和腺体活动的区域则有比较厚的第五层。

## 神经脉冲

为了完成各自不同和复杂的任务，神经元需要相互交流。这包含两个过程：通过神经冲动的电活动、使用神经传递素的化学过程。

突触对于细胞之间的交流很重要，神经元之间的交流及其与肌肉和腺体的交流正是发生在突触。一个突触包含有交流的细胞之间的裂缝，也包括突触裂缝两边的细胞的一部分。比如轴突终末发出信号，树突的一部分接收神经脉冲。神经脉冲从细胞体向下传到轴突再到轴突终末。在那里，神经脉冲利用神经传递素穿过突触裂缝。

### 溶液中的化学包

所有的细胞，包括神经元都像溶液中的化学包。细胞膜包裹着细胞和构成细胞的物质，控制着细胞内外物质的流动。细胞膜内的液体称作细胞内液。大脑的细胞之间和细胞外面充满细胞外液，许多重要的化学物质都能溶解在这些液体中，其中最重要的是钠离子和钾离子。离子就是有正负电荷的原子（非常小的微粒），钠离子和钾离子都有正负电荷。

### 静息电位

当细胞没有被刺激激活时，细胞膜处于静息状态（或者说静息电位）。在静息电位状态下，细胞内部的钾离子的浓度大于细胞外部的钾离子的浓度，外部钠离子的浓度要大于内部钠离子的浓度。神经细胞不停地将钠离子排到细胞外部，把钾离子吸收到细胞内部。钠离子和钾离子都会以不同速度穿过细胞膜扩散。在静息状态下，钾离子穿过细胞膜扩散起来比钠离子更容易，这导致细胞外面正离子的浓度大于细胞内部正离子的浓度，但是在细胞内部存在的钾离子仍然比细胞外部多。正离子总体上的分布不均使细胞内部呈现微弱的负极。

### 动作电位

当神经传递素刺激神经元使其产生脉冲时，神经脉冲，或者说动作电位就出现了。细胞膜受刺激的部分打开，钠离子涌进细胞，这导致细胞内部突然呈现正电荷。这种现象叫作去极，因为原有的电荷被颠倒了。当细胞内部与外部电荷差距变小时，钾离子通道微微打开，使得钾离子可以从细胞中流出，这样细胞内部再次呈现负极。这种现象叫作复极化（电荷变为正常）。但此时，进来的钠离子导致细胞膜的邻近地区开放了更多的钠离子通道。结果，更多的钠离子涌进细胞膜，这样就暂时转变了该区域的电荷。接下来，钾离子通道打开，钾离子涌出去，细胞膜的这一区域回到正常的电荷状态。通过这种去极和复极的交替出现，电荷沿着细胞体和轴突传递到轴突终末。

**抑制**

在神经元回到静息电位之前，不会有进一步的脉冲出现。在复极化过程中，细胞所获得的负电荷大于动作电位出现前它所具有的负电荷。负电荷的微弱加强使得细胞不会反复产生动作电位，这就是我们熟知的抑制期或相对不应期（如果神经元受到强烈的刺激，可能这种刺激是某个感官侦测到某种变化，抑制就不会出现）。当钠离子通道完全紧闭时，也不可能有新的动作电位，这就是绝对不应期，它可以持续两毫秒。相对不应期的一毫秒后，又会有一股钾离子流入细胞中，细胞再次进入静息电位状态。

**局部电位**

细胞内外电荷的差叫作局部电位。神经元的树突在同一时间内会接收到几千个信号。每个刺激都会导致局部电极转换，但可能不会造成局部动作电位。当许多局部电位出现时，它们的电极就会结合成空间聚类，结果造成一个电极比其他电极更强烈。这种正空间的电荷改变产生动作电位，电荷之间可以互相抵消，使得总电荷为零。

**连续激活**

如果不受到其他神经元刺激产生神经脉冲，运动和感觉神经元会一直保持怠惰状态，但是中枢神经系统的许多其他神经元会连续产生动作电位。还有一些中枢神经系统会在固定间隔期内产生动作电位，这种现象叫作振动。更多的中枢神经系统的神经元是不规则地产生动作电位。人类大脑非常复杂，人们无法说明这些神经元的电活动产生在中枢神经系统的哪个部位。研究人员认为，许多细胞不用其他细胞刺激就会自发地激活自己并产生动作电位。大脑中这些细胞的存在使其可以传递两种形式的信息，而不是一种——自发激活的神经元能够提高或降低它们的活动水平，而受到刺激才会活泼的神经元仅能提高活动水平。

# 神经传递素

一旦神经脉冲到达产生电冲的细胞终端钮，它会携带信息穿过突触（两个相同细胞之间的结合点）。被称为神经传递素的化学物质就是用来完成此项任务的。不是所有的神经都是顺着它们的轴突来传递神经冲动的。运动神经元和感觉神经元中存在轴突，而大脑中某些部位的神经元，包括与学习、记忆、计划和认知有关的区域则没有轴突，不能通过神经脉冲交流，它们使用的是神经传递素。

**释放、吸收和再摄取**

神经元的终端钮有一个微小的泡囊（充满液体的囊），里面含有精神传递素和能使细胞内的化学物质变为神经传递素的扁平囊。当神经脉冲到达神经元的终端钮时，促使一些神经传递素与细胞壁融合，使神经传递素的分子溢出到突出间隙中，这种方式叫作胞外分泌。

在突出间隙中，神经传递素发生两种变化。一些神经传递素扩散到突触的另一边，附着到下一个神经元的突出后膜上，这叫作摄取。另一些神经传递素会在间隙中漂浮，仅被首先释放出它们的同一神经元所摄取，这叫作再摄取。

**神经传递素的种类**

目前，有 4 种已知的神经传递素。但是，因为已知的神经传递素无法解释大脑所具有的一些功能，所以至少还应存在另外 4 种神经传递素。

除了大分子的神经传递素或神经肽外，还有 3 种主要的小分子神经传递素：氨基酸传递素、一元胺神经传递素和乙酰胆碱。

另外，20 世纪 80 年代，研究者发现气体一氧化氮的分子分裂后可以具有神经传递素一样的功能，这就有了一个新的、第五种气态传递素。

小分子的神经传递素被储存在泡囊中，这些泡囊由突触前膜的一部分或脱离了神经元的终端钮的一部分构成。它们靠近有着很多钙通道的突触前膜区域。当受到神经脉冲的刺激后，钙通道就会打开，突触泡囊与突出前膜相融合，通过通道向突触间隙释放神经传递素（这是细胞外分泌）。

小分子神经传递素与邻近神经元的突触后膜的接收器分子相结合，之后会出现以下 3 种情况的一种：

分子可能会为一种特殊的化学物质和它的离子打开通道。

分子可能会关闭通道，阻止离子进入细胞。

分子可能会促使突触前膜发生一系列化学反应。当神经传递素与突触后膜细胞结合并与细胞内的化学物质形成新的分子（这些新形成的分子被称为第二信使）时，上述过程就会发生。

小分子神经传递素的生命非常短暂。它们会被突触液体或突触后膜细胞中的酶分解，或者被突触前节点再次摄取和利用。

**氨基酸神经传递素** 氨基酸神经传递素在距离很近的神经元间的突触发生的快速变化中扮演着重要角色。氨基酸是蛋白质的组成部分之一。氨基酸有天冬氨酸盐、谷氨酸盐、氨基已酸、伽马氨基丁酸 4 种类型。前 3 种可以从食物营养中获取，伽马氨基丁酸可以从谷氨酸盐中合成，这种合成过程可以引发神经元产生神经脉冲。其他的氨基酸传递素包括 20 种具有类似大脑中内啡呔（天然止痛药）作用的大分子缩氨酸。这些氨基酸传递素有时发挥类似身体中荷尔蒙的作用。

**一元胺神经传递素** 一元胺神经传递素由一元胺氨基酸单独产生。一元胺的效果通常比一元胺酸神经传递素的作用更广泛，它们的化学结构通常也稍稍大一点。在许多神经元细胞体存在的脑干中，一元胺神经传递素的浓度较高。神经元尽可能从不同的地点释放出一元胺，一般有多巴胺、肾上腺素、去甲肾上腺素、5- 羟色胺 4 种主要类型。

**多巴胺、肾上腺素、去甲肾上腺素** 都由消化酶酪氨酸产生。由释放多巴胺的神经元产生的酶作用于酪氨酸产生左旋多巴，而另一些酶从左旋多巴产生多巴胺。多巴胺参与运动、注意力和学习过程。缺乏释放多巴胺的神经元会造成帕金森病，导致颤抖、肢体僵化以及平衡问题。这种疾病可以通过合成左旋多巴治疗，但短暂的药物作用过去之后，帕金森病的症状会重新出

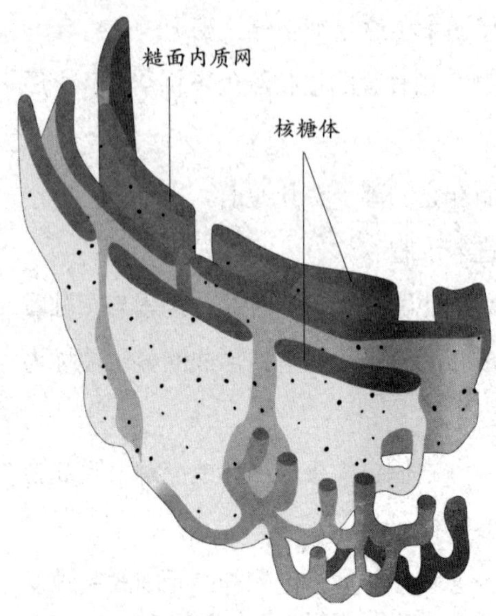


↑ 内质网与高尔基体是所有细胞运行所需的重要微器官。在神经元中，这两个结构参与产生神经肽。内质网是充满液体的管子组成的网络。粒状的细胞器官——核糖体散布在糙面内质网表面。核糖体利用细胞的化学物质制造神经肽。神经传递素被高尔基体包裹进泡囊内，泡囊沿着微管到达释放点。

现。过量的多巴胺会造成精神分裂症，在这种状况下，人会无法区分现实与错觉。多巴胺可以用来产生去甲肾上腺素与肾上腺素，这两者可以调节机敏性和对威胁做出快速反应的能力。

5-羟色胺在睡眠与觉醒、对疼痛的敏感性和控制胃口与心情过程中发挥部分作用。它来自于化学物质色氨酸，色氨酸本身是从食物中摄取的营养分解的产物。缺乏 5-羟色胺会导致精神分裂行为。

**乙酰胆碱** 乙酰胆碱由从饮食中获取的胆碱产生。这种神经传递素在肌肉细胞、运动神经以及肌肉连接中的作用非常重要。乙酰胆碱也出现在自主神经系统的突触中，还参与记忆功能。来自同一家族的另一种化学物质会把乙酰胆碱分解成两种更小的化合物，使突触间隙里的乙酰胆碱丧失活性。而分解成的两种化合物会被终端钮摄取，并能被循环利用。

**神经肽** 一类重要的大分子神经传递素是神经肽，它由一连串的氨基酸分子组成。1975 年神经肽被确认为是一种神经传递素。神经肽泡囊表面上比小分子泡囊更黑、更大，它们可以存在于终端钮的任何地方。不仅终端钮功能释放神经肽，突触的一边也可以释放神经肽。因此神经肽比神经系统中的神经传递素作用更大。

许多神经肽都会像身体一些部位的激素一样发挥作用，这些肽由内分泌腺释放。最近，科学家在神经组织中发现了各种浓度的肽。这表明由神经元产生的一些肽主要发挥神经传递素的作用。这种信息也向很多研究者证明了神经肽是一种新的神经传递素而不是荷尔蒙。

**肽与胞外分泌**　肽的胞外分泌由钙离子控制，这种分泌与小分子传递素的胞外分泌不同。神经细胞会根据细胞中钙离子的水平来慢慢释放肽，钙离子水平的升高是因为通过细胞的神经脉冲速度升高了。神经细胞释放出的肽比仅在局部发挥作用的小分子神经传递素有着更广泛的影响。肽通过细胞外液进入脑室和血流中，黏着在与释放细胞完全不同的神经系统的细胞上，它能在整个大脑中运行并发现适合的黏着点（从老鼠的大脑中的枕叶到额叶都可以发现肽）。当肽最终黏着在细胞膜上，会引起神经元发生缓慢的由第二信使引起的变化（来自细胞膜的肽形成分子）。与小分子神经传递素产生的瞬间变化相比，肽引起的神经元变化更持久。

## 神经传递素的功能

神经传递之间的差别显示它们在神经系统中扮演不同的角色。肽神经传递素发挥着神经调质的作用：它们能提高或降低大量神经元的敏感性，达到小分子神经传递素所起的效果。一些研究人员认为，神经调质通过控制大脑中神经传递素的情绪和动机效果来影响我们的行为。小分子神经传递素向周围的突触后膜接收器发送短暂的信息，从而使突触后膜接收器要么促进、要么抑制神经元中神经脉冲的形成。

当神经传递素黏着在突触后膜右边的接收器上时，它只能起到要么促进、要么抑制神经元中电子活动的作用。

位于突触中的传递素不会被突触后膜中最近的没有此种传递素的接收器的树突所接受。一些神经传递素在某些接收器上可以发挥小分子的作用，而在另一些接收器上发挥神经调质的作用。

人们偶然发现，无机元素锂对于躁郁症（也称为狂躁症）患者有治疗作用。躁郁症会导致情绪在狂躁和极度沮丧之间摆动。锂能缓解心情摆动的频率与严重性，对狂躁阶段特别有效。锂在大脑中所引起的化学反应还不十分清楚，根据假定，无机化学结构能约束 5- 羟色胺的传导，阻止对神经传递素的再摄取。像目前可以得到的许多药物一样，无机元素锂也是反复试验后的产物。起初发明的药物是为了检验精神病人的尿液，而不是在理解了大脑的工作功能后精心生产的。

## 第二节
## 心 智

就心智和大脑的关系而言，大多数现代心理学家已基本上达成共识。我们对世界形成感知依赖于物理刺激作用于我们身体的方式，并最终激活我们的思维、感觉、意识。反过来，我们的思维和欲望又明确地支配着我们的身体，影响我们的行为。但是大脑和心智之间紧密的关系却成为诸多争论的议题。大脑是怎样支配像心智这样看不见摸不着的实体的呢？

对心智的性质以及它与大脑和躯体关系的考察很古老。在 19 世纪末心理学发展成为一个独立学科之前，对这个问题的解释仅限于哲学领域。希腊哲学家柏拉图认为心智是非物理实体，他可能是将精神性质理论向前推进的第一人。他使用希腊词 psyche（意即灵魂）来描述心智的不可见性。柏拉图进一步推论精神和物质因为没有自然关联，所以可以分离。哲学家们把柏拉图的理论称为精神躯体分离的“二元论”。

↑ 代数具有严格的逻辑性。例如，如果 X+Y=15 且 X=2Y，那么 X 只能是 10，Y 只能是 5。但是一个人的心智就没有多少确定性了。

另一位希腊哲学家亚里士多德不同意柏拉图的二元论。亚里士多德认为精神物质（亚里士多德称之为“形式”）和身体（或者说质料）是有联系的。亚里士多德相信每个生命体都是质料与形式的联合，并相互依赖。多年之后，柏拉图和亚里士多德的观点曾一度被经院派的神学家和哲学家所采纳。

此外，经院派哲学家还认为我们形成思想的能力来自上帝的赐予。经院派哲学家相信，我们能够形成思想的能力是上帝赐予我们的礼物。基督教哲学家圣奥古斯丁（354 ～ 430），则将这一礼物命名为“光照（或启迪）”，认为“就像眼睛需要太阳的光照才能看得见物体一样，同样，人们的智力也需要上帝的光照才能了解这个仅能用智力了解的世界。”经院派对于精神的本质的信仰一直流传至中世纪。

## 笛卡尔模式

将心智二元论表述得最清楚的是法国数学家和哲学家雷纳·笛卡尔。数学的精确性对笛卡尔具有吸引力，但他反对古希腊和经院哲学家前辈们在哲学上制造的不确定。因此，笛卡尔决定在更为坚固的基础上建立一个全新的哲学体系。笛卡尔决意从怀疑一切出发——怀疑他以前所被教导的一切以及他所认识的周围的一切。他绝望地寻找着一些不可置疑的东西，当笛卡尔最终意识到只有一件事实他不能否认时，启示来临了：那就是他正在怀疑的这件事实。只有一件事不能被质疑——怀疑本身。他的发现被总结成一句哲学经典命题：我思故我在。

一旦笛卡尔对自身存在感到确定，他便知道因此可以断定周围世界的存在性。笛卡尔继而开始寻找自身和自然世界之间的区别。如同他心爱的数学一样，笛卡尔认为物质世界也由物质规律所支配，然而不能将相同的理论运用于精神领域。因此，与柏拉图一样，笛卡尔相信二元论。他认为心智，或者说精神存在与身体等物质存在是完全不同的。

与柏拉图的二元论稍有不同，笛卡尔的二元论被称为存在二元论。尽管笛卡尔认为精神和身体不同且相互分离，但它们之间并非毫无关联。笛卡尔相信意识和身体可以相互作用，形成联合，最终构成人。

笛卡尔的哲学思想引发了一个重要问题：像意识和身体这样两个完全不同的东西是怎样相互作用的呢？笛卡尔认为这两者在大脑中央的松果腺部位相互接触。毫无疑问，当人们感觉到像温度升高或者强烈的光线这类现象时，会产生诸如出汗或闭眼之类的反应。笛卡尔的理论没有进一步解释意识和身体之间的这种反应究竟是怎样一种机理。这个“意识—身体”问题开启了哲学历史上最重要也是最具有争议的论题。

## 康德的哥白尼式革命

18 世纪，德国哲学家伊曼纽尔·康德（1724 ~ 1804）试图将洛克和休谟的经验主义和笛卡尔以及其他理性主义哲学家的理论进行融合。不同于经验主义者宣称的所有知识均来自感知经验积累，理性主义者认为知识还可以通过思考和推理获得。康德则相信两者都是知识形成所依赖的基础。

如康德所认为的，知识的问题就是怎样把感知经验和先天知识（也就是人一生下来就具备的知识）联系起来。他的出发点是区别分析和综合两种判断。分析判断可以通过对命题的分析获得真相，综合判断中所陈述的事实不能经由分析命题而获取。

康德还对人们积累知识的两种途径进行了区分。一种是先天的，不能通过感知经验获得或者通过被感知经验探测到；一种是后天的，可以被感知经验探测到或者通过经验获得。康德之前的哲学家认为分析判断属于先天，而综合判断是后天形成的。不错，分析乃先天判断——但这一点仅局限于字词含义和字词之间的关系上，而不能延及世界的意义和关系。另一方面，后天的判断——综合判断虽关乎世界，却建立在或然性基础上。照此推断，我们不可能获得有关经验的任何确切知识。康德对此有不同看法。他认为经验提供内容（综合的元素），头脑提供了结构（先天因素），这决定了内容被理解的方式。

康德称头脑提供的先天的东西为“分类”，并列举出 4 种不同的组织经验内容的分类，即数量（事物的多少）、性质（事物的类型）、关系（事物怎样相互作用）和属性（事物是什么）。我们将这些分类运用于日常经验从而感知整个世界。例如，空间是存在于头脑中的结构，它把一个个物体联系起来。头脑先天提供的东西赋予经验意义。不是我们的经验世界形成了意识，而是意识设定的模式形成了经验世界。

事物是否就是它们呈现给我们的样子呢？这一点我们永远不得而知，因为我们的知识都是被精神预构的。这也是康德对不可知的本体（事物本身的样子）和现象（事物所呈现的样子）所做的著名区分。康德称他的理论为哲学界哥白尼式革命。就像波兰科学家尼古拉斯·哥白尼（1473 ~ 1543）改变了科学家对地球和太阳之间的关系的认知方式一样，康德也改变了哲学家对经验世界和精神世界之间关系的认知方式。

## 精神的科学

直到 19 世纪末，精神研究仍然只是哲学家们辩论的领域。此后，三大发展为精神的科学研究奠定了基础。

第一个发展由德国哲学家和心理学家弗朗兹·布朗塔诺（1838 ~ 1917）完成。1874 年，布朗塔诺出版《从经验起点出发的心理学》一书，在这本书中他试图创建心理学的系统研究，从而为精神科学建立基础。布朗塔诺复兴了经院哲学家的“意识”理论。意识的概念帮助哲学家们处理大脑中所呈现出的事物和客体事物之间的二元问题。一些二元论的哲学家认为体验过的和记忆中的同一个事物，例如一个人对花的印象，即便真正的事物从我们的视线中消失，它也能保留在我们的意识中。布朗塔诺的意识理论回避了意识是否存在的问题——当我们注视一朵花时，我们看到了花这一点是确定的。我们把我们的意识放在花上并识别了它。布朗塔诺面临的唯一的问题是花怎样对我们的意识产生了意义，我们的意识又是怎样和花联系起来的。

第二个发展是心理学在 19 世纪作为一门独立学科的建立。1879 年，德国生理学家和心理学家威海姆·伍德特在德国莱比锡大学开设了第一所心理学实验室。伍德特和他的同事通过一种叫作“自省”的方式研究精神活动——人们观察并分析他们自己的思想、感觉和精神图像，记录他们在控制条件下的自省。伍德特每次实验都在同样的物理环境下进行，并运用相同的刺激。尽管哲学家花了千百年的时间试图理解精神，但是这是第一次把科学的方法运用到精神活动的研究中。

第三个大的发展来自美国哲学家和心理学家威廉·詹姆士（1842 ~ 1910）。1890 年，詹姆士出版了《心理学原理》一书——一部两卷本的里程碑式著作。《心理学原理》把精神科学消解为纯粹的生理学规则，把思考和知识当作生存的工具。与此同时，詹姆士把精神物理学（研究某一器官的精神活动的物理程序效果）运用到极致。

## 疑惑的种子

不到二十年，伍德特的实验方法就被行为主义的方法超越了。以美国心理学家约翰·布洛杜斯·沃特森为代表的行为主义者认为，心理学家可以借助研究可观察的刺激和行为反应之间的关系对大脑的工作机制进行更深入的研究。极端行为主义走得太远，甚至完全否认思维的存在。大多数行为主义者认为自省作为一种分析方法是无效的。这首先是因为人们在自省之后复述他们经验的这一方法依赖于记忆，而实验表明记忆在某些时候是不可靠的。其二，人们发现除了自己的意识经验之外，很难对任何其他的议题进行观察。他们不能进入精神活动的内在工作机理（例如识别），更不用说对之进行解释了。最后，科学的基础是客观性，而自省产生主观性的结论——独断的想法正好与无偏见的客观信息根本对立。这样，关于意识的研究依然与几个世纪之前的哲学争辩一样，不能算是一门科学。

### 认知科学

行为主义的方法主导了 20 世纪上半叶的心理学。20 世纪 50 年代，被称为认知科学的一个崭新研究领域革新了心理学。

认知科学是从一个完全不同的领域发展起来的。1956 年，美国心理学家乔治·A. 米勒（1920 年 ~ ）出版的一份研究成果显示，人类思维的容量是有限的。米勒认为大多数人的瞬时记忆只能记住 7 ± 2 条信息，并证明提高瞬时记忆的办法是储存信息块。米勒的研究从某种程度上解释了大脑通过密码、智力表述的方式储存信息的生理机制。

第二个对认知科学产生重大影响的人是美国语言学家努曼·科姆斯基（1928 年 ~ ）。他于 1959 年出版的研究成果证明，语言比人们此前想象的要复杂得多。语言不像行为主义者认为的那样是习得性习惯。科姆斯基把语言看作表达观点的方式，认为这些观点根据精神语法以规则的形式表述出来。

然而，认知科学最重要的推动力还是来自 20 世纪 40 年代末第一台计算器的发明。很快，认知科学的先驱——美国计算科学家约翰·麦肯锡和阿伦·奈维尔、美国数学家马文·明斯基、美国经济学家和心理学家赫伯特·A. 西门等人发现了通过建构意识的计算方式来表述人类思维过程特质的方法，同时还希望用人工智能来建造计算机。

### 神经系统科学

如果说认知科学促成了对意识的新的理解，那么神经系统科学（对大脑的研究）则促成了对大脑的工作过程的新认识。同现代认知心理学家一样，神经系统科学家也把他们的观察建立在实验研究的基础上。例如，他们将电子芯片植入大脑以记录单个神经元的活动。神经系统科学家试图找出组成大脑的十几亿个神经元是怎样产生一套复杂的认知能力的。另外，一类新的认知心理学家通过观察那些大脑受损的人的能力来收集资料，并证明了特殊区域受损经常会导致某些特殊精神功能的丧失。

## 新哲学

极少有现代哲学家通过实验或借助电脑创建思维模型的方式阐释理论，然而哲学和新的认知心理学之间仍然保持着很紧密的联系。思维哲学没有特殊的方法——哲学家们处理类似意识与身体关系这样的一般概念，并试图解释那些源自认知科学家的概念。认知科学家的工作反过来又会帮助哲学家们改进方法。

根据神经科学最近取得的一些重大突破，很少再有哲学家同意笛卡尔二元主义的观点。哲学家们论证如果这个世界所有的物质都突然消失，很难相信像精神这类的“生命力”会继续存在。因此意识应该被看成物质世界的一部分。最近的很多哲学争论都试图确立支配意识的规律，唯物主义就是一支由一定理论构建的大的哲学流派。

### 同一理论

唯物主义的理论之一——同一律，也就是还原唯物主义，是一个简单的概念。它的支持者认为对大脑内部神经中枢路径来说，精神状态是同一的或者是相关的。当更多的神经中枢途径绘制出来，我们就可以指认如“想望”这样的意识过程与大脑中某一特殊区域的神经元活动之间的关系。

同一律并不能说服大多数哲学家和心理学家。它的主要问题在于把各种不同的精神活动与大脑的特定神经元（神经细胞）挂钩。而且，没有理论证明每个器官的同一神经过程都意味着某一特定的精神行为。所以同一律只适用于某精神活动的单一反应，例如，任何器官都以同样的方式感受疼痛。

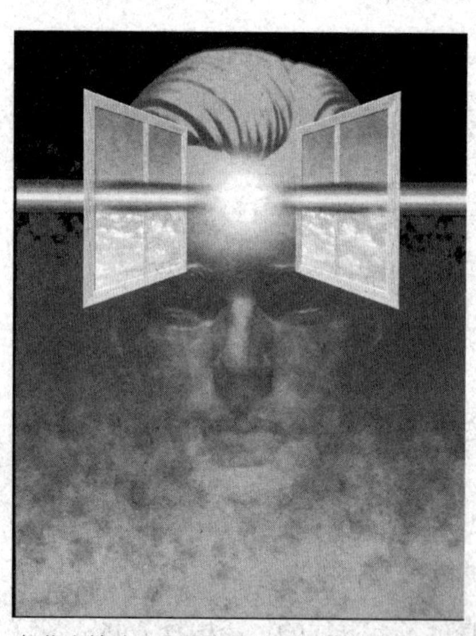

↑ 藏在精神之窗后面的是什么呢？这个电脑制图为精神和大脑之间的不确定性关系提供了具有证明意义的分析。帕垂克·彻奇兰德倡导研究精神的共同演化法，根据这一理念建立的一所现代思维学校，为人类精神的性质和工作方式，及其与大脑之间的关系带来了新的、充满诱惑力的视角。

### 功能主义

批评者对同一理论的批判导致被称为功能主义的一种新理论的发展。功能主义者认为行为是由一定的精神活动综合形成的，并试图用被他们称为功能的因果关系来解释精神活动。他们还认为不同的精神活动有多重意义，因此他们不相信行为能精确定位于神经活动的某一特定区域。

### 取消唯物主义

取消唯物主义（取消主义）最极端的观点是取消心理学范畴（例如注意和记忆）有利于对神经生物学标准的解释。这一理论以取消主义闻名，认为神经科学可以为任何精神活动提供解释，因此心理学可以简化为神经科学并最终成为化学和物理学。许多该观点的支持者相信像记忆这类的心理学范畴在描述精神活动时很有效，但只限于它们的字面意义，这些词不能用于神经元层面发生的事情。例如，当研究揭示出在不同睡眠阶段大脑表现出很大不同时，睡眠理念因此已经获得修正。

圣地亚哥大学加利福尼亚分校的哲学家帕垂克·彻奇兰德进一步发展了该理论。她认为需要从分子的、细胞的、功能的、行为的、系统的、大脑的不同角度同时研究精神，彻奇兰德称之为共同演化。这种研究精神的方法的优势在于即便所有的问题都与理解大脑与意识之关系相连，它们所得出的结论也都各不相同。彻奇兰德认为每种方法得出的结论都应该相互支撑，从整体上提升我们对于精神的全面认识。

## 生物本能主义

约翰·塞尔（1932 年 ~ ）是伯克利州加利福尼亚大学哲学教授，他对削减主义者发掘潜藏于精神活动背后的神经生物机理的目标感兴趣。塞尔的生物本能主义理论认为意识活动可以通过大脑的某些活动的物理因素（例如一个神经元）来解释，只是这些因素不会独自完成这些过程。例如，大脑是有意识的，意识则由大脑的神经元形成，即便单一神经元是无意识的。因此研究大脑解剖学无助于我们进一步理解意识。塞尔建议心理学家采用与化学或物理实验室里相同的系统观察和分析的方法，尽可能地研究意识本身。

### 丹尼尔·丹奈特

讨论意识哲学如果不提及美国图弗茨大学认知研究中心主任丹尼尔·C. 丹奈特（1942 年 ~ ），是不完全的。丹奈特在试图理解意识时推动了神经科学议题的思索。他认为当代的仪器已经可以证实意识能力，那么将来它们也可能发展出自己的意识。这把唯物主义运用到了极致。丹奈特没有宣称大脑和意识都是生物现象，而是认为由计算机硬件组成的大脑也可以拥有意识。他撰写了许多这方面的书籍。在《意识的阐释》（1991 年）一书中，丹奈特认为意识不可能是发生在某一特定区域的某一单一的大脑功能，而是大脑功能的许多连续变化合成的。

### 后指向性假设

旧金山加利福尼亚大学哲学教授本杰明·利伯特研究意识和大脑的联系将近 30 年。在 20 世纪 90 年代，在一系列富有争议的实验之后，他得出结论：我们生活在过去。不是遥远的过去，而是过去的半秒，我们需要这么长的时间去自觉感知我们的感知。在这段时间内，我们感知到刺激并在意识当中决定怎样回应，此时，我们的大脑往往已经激起某一可能反应。这些实验构成了“后指向性假设”的基础。好在后指向不能延迟我们一些不需要思考的行动。知觉发生得非常快，但我们还有时间去抑制那些不恰当的应激反应。利伯特认为探知并纠正本能的错误判断是自由意志的基础。

## 精神功能

当我们思考精神活动时，还需要考虑精神活动的载体，例如语言、记忆，甚至知觉本身。首先让我们看看大脑是如何从外界的刺激中获得信息，从而使我们可以与世界互动的，换句话就是如何感知和理解的。

大脑是怎样从客观世界获得信息并转化为感知的？我们从收音机里听歌曲，从电视机里看足球赛，理解朋友在电话里说什么——而且我们往往同时进行上述的多个活动。这些活动过程是多么复杂，可我们却能接受这么多信息，真是让人惊奇。内耳的细绒毛感受到空气中的压力从而使我们拥有听力；眼睛后面的感光细胞作用于影像从而使我们拥有视力；大脑的特殊区域控制声带从而使我们可以说话。综合这些表面上相异的信息形成统一的感知，从而使我们得以行动、反应，在这个充满信息的世界生存。

我们重视这些知觉功能是为了理解它们是如何进行工作的，一个有效的做法是将正常情况与有问题的情况相比较。举一个著名的 P.T. 的例子。P.T. 在一次大脑受伤后无法辨认事物。作为拥有一大群牛和许多田地的农民，他需要知道自己在哪里、周围有些什么，但大脑受伤让他的生活变得很困难。当他在农庄里较远的地方修葺篱笆，抬头一看不知道自己在哪里的事情经常发生。更糟糕的是，有一次挤奶的时间到了，他却发现自己在挤一头公牛的奶。最可怕的是，P.T. 无法辨认周围的人。那个每天早上服侍自己吃早餐的女人变成了陌生人。他能看见她站在炉子旁，为他煎鸡蛋，当她穿过厨房递给他碟子，他甚至可以描述她的整个动作，但就是不认识她——直到这个女人张口说话。听到她的声音，迷雾才消失，他突然意识到那原来是他的妻子。

↑ 奥利弗·萨克斯，在 1985 年出版了《一个错认妻子身份的人》。他的另一本书《唤醒》被改编成电影，由罗伯特·德·尼罗和罗比·威廉姆斯主演。

折磨 P.T. 的病叫作视觉辨识不能。英国神经医生奥利弗·萨克斯（1933 ~　）曾提过一个相似的案例——一个除非听到声音，否则说不出妻子的脸和自己的头有什么区别的男人。

这两个案例的共同之处在于病患都有正常视力。眼镜商和眼科医师发现他们的眼睛工作正常——光线作用于眼睛后面的感光细胞后被正确转化为神经冲动送到大脑。但是大脑却完全不能感知到，这不是感觉紊乱，而是理解紊乱。视觉辨识不能的病人，单个视觉刺激不足以引起认知，但视觉刺激和其他刺激如声音、碰触、嗅闻，甚至味道结合在一起，可以使患者认识先前不能完整认知的事物。其他的认识不能，如听力（不能辨认相似的声音）和触觉（通过触摸不能认识相似的事物）等，可以通过视觉提供的信息减轻患者的痛苦。

## 注意力和大脑

为了行为、反应，在这个世界生存，我们需要知道怎样选择鉴别感知到的东西。完成这些事情的能力被称作“注意力”。这个词出现在许多语境之下，但它到底是什么呢？

威廉·詹姆士在《心理学原理》一书中说：“每个人都知道注意力是什么。注意力就是占据大脑，以一种清楚生动的形式，把一种东西从可能同时存在于大脑里的事物或者诸多思绪中挑出来。聚焦和意识集中是其精髓。它意味着从一些事情中挣脱出来，有效处理其他事情，它是与困惑、迷惘、注意力不集中相反的情况。”

这意味着，我们可以选择注意什么。我们必须这样做，否则我们会被信息所淹没。注意力自主的经典解释被称为“鸡尾酒会效应”。在一个喧闹、混乱的社交场合，人们是怎样进行私人交谈的呢？我们可能都经历过这一环境的变化——不是在鸡尾酒会就可能是在图书馆学习。你可能把注意力放在某一特别令人困惑的文本上，读了一遍又一遍，试图找出一点意义。也许你在挣扎，因为你同时听见附近的凉亭里你的朋友们在讨论当天的球赛。一方面你想工作，一方面你又想知道你支持的那支球队表现如何，你在两者之间挣扎。但是你得选择把注意力放在其中一个上面，你不能两条思路同时进行。

你可以决定不听棒球比赛的讨论而专心于面前的课本。毕竟，事后你可以从报纸上读到球赛，你选择专注于课本而忽视球赛。但这是不是就表示你已经完全与朋友们的讨论隔绝了呢？研究结果显示你没有。你只是决定选择不让各种信息通过耳朵进入大脑而已。尽管你选择故意不接收，但它们依然存在。这一现象的经典案例是人们能在本来毫不在意的谈话中听到自己的名字。同样的原理在棒球赛中也有效，即使你仍然在工作，如果其他人突然谈起你特别想知道的事情——例如棒球比赛中的比分——你就会立刻丢掉课本加入谈话。

### 自觉和反射注意

我们并不能总是控制自己的注意力。前文所提到的图书馆、棒球问题只是自觉注意力的一个例证。另外一种注意力被称为反射注意力——当我们正在工作时，电话铃响了，我们会立刻而不是自觉地从我们的工作中抽身出来去接电话。反射和自觉注意力有关联，许多心理学家认为这是连续统一体的一部分。基本上我们都能选择注意对象，但是注意力也可能被一些有意义的事件自主吸引过去。这表明注意力是由大脑的特殊区域激活的。当我们决定把注意力集中在某一介入的特殊刺激上时，我们操纵注意力；当我们想停止或者转移注意力时，我们就脱离。临床研究显示丘脑（大脑中央区域，传送视觉和听觉信息到大脑的其他部分）的“运作功能”很重要，顶叶（大脑顶端区域，对空间过程十分重要）在脱离中发挥作用。另外，上丘脑（脑干部位一串拇指盖大小的神经元，控制着眼球转动）控制注意力转移。人们认为大脑前环部位主宰着注意力控制。这一部位靠近大脑中央前叶部位，也就是在侧脑室前上方，是一个重要的脑回（其中一个凸起折在大脑皮质，也叫作回旋）。这些区域的任何一部分遭到破坏都会导致自觉和反射聚焦注意力的重大缺陷。

## 记忆和意识

我们选择性地或本能地注意到相关信息之后，会发生什么事呢？或者把它与之前已经获得的知识联系起来，或者储存以备后用。我们记住了上百万个信息，一些很简单，一些又较复杂。这中间为什么会有如此巨大的差异呢？

有关这个问题的回答要借助对大脑受损记忆力缺陷的人的研究。20 世纪 50 年代早期，加拿大蒙特利尔神经学研究所的美籍神经外科医生威廉·斯科维勒发展了一种具有革命性的外科技术治疗癫痫。癫痫主要是由大脑的电子活动异常引起的。这种病发作起来可能会引发严重抽搐，导致运动神经失控并失去知觉。现在，除非情况非常严重，否则都可以使用药物来控制病情，但斯科维勒的时代还没有这种治疗方法。为了抑制病情，他发展了一种被称为中央颞叶双面切除的外科手术。这个手术要把大脑两侧颞叶中间部位的大部分都切除。

斯科维勒根据的是19世纪晚期英国神经学家约翰·休林斯·杰克森（1835 ~ 1911）的研究。杰克森描述了人类运动神经系统的形状结构，并指出癫痫病人的颞叶很不寻常。斯科维勒的外科手术成功地减轻了癫痫病人的痛苦，但有副作用。他的病患手术结束后癫痫虽然没有再发作，却有很严重的健忘症——他们缺乏记忆过去所发生事件的能力。而且患者健忘的严重程度与大脑被切除的大小成正比——切除得越大，记忆丧失越严重。

## 第三节
## 感　知

烤面包和咖啡散发出来的味道、我们赤裸的双脚下冰凉的草皮、鸟儿的歌唱、蔚蓝的天空……我们能够分辨出种种色彩、感觉、声音、味道，全在于我们的大脑和它与我们感知体系的联系。

这个世界充满了各种我们能感知的事物，即各种各样的能量或结构皆能转变为感觉。感觉是眼睛、耳朵、鼻子、舌头和其他感官的活动，这些特定的器官可以对热、冷和压力做出反应。没有大脑，感觉自身没有什么特别的意义，因为它不过是把震动、光线、有气味的分子这些物理刺激转变为神经冲动。大脑对神经冲动的解释，使我们能够感觉到我们生存的这个世界中的各种颜色、形状、声音和感情。

### 我们的感觉

古希腊哲学家亚里士多德把人类的5种感觉——听觉、味觉、触觉、味觉和视觉比作我们的大脑进行感知的5个窗口。这些窗口只能接收信息而不能对信息进行分析。感觉不像普通的窗口，因为它要把所有外部世界发生的事情（比如一声喊叫或温度下降）转变为大脑能够解读的电子神经冲动。这些神经冲动允许大脑进行感知。此外，我们的感觉也不像普通的窗户那样，能够允许各种事物通过。所有的刺激中只有一小部分能够产生大脑可以解释的神经冲动。如果不是这样，我们就会被时刻环绕在我们周围的各种声音、图像、气味及其他感觉弄懵。事实上，我们仅注意到许多潜在信息中的一小部分，其他的都被忽略，就像我们忽略无线电广播中的背景噪音一样。

在无线电传输中，信号与噪音的区别很明显：信号是一段信息，噪音是无序的或者可能是一段无关的信息碰巧用同样的频率播出。同样，在我们的神经系统中，信号是我们正在注意的神经活动，其他的是噪音。例如，当你读这段文字时，文字是信号；其他人的谈话声或你饿了的感觉，都可以看成“噪音”。

## 数据消减系统

通过过滤外界的噪音，我们的大脑使我们免于被信息淹没。感觉吸收信息，然后大脑进行过滤，只保留它可以做出反应的信息量。“鸡尾酒会现象”对大脑扮演的这种数据消减系统角色做了很好的说明。在酒会上与他人交谈时，我们通常不会注意到我们自身周围的其他话题，但我们可以瞬间转换话题。如果某个人在我们的听力范围内叫我们的名字，或提到我们感兴趣的话题，我们的注意力可能会马上转移。猛然听到谈话中的一部分，我们会促使自己倾听他们的谈话。我们在任意时间感知到的事物都会立刻引起我们有意识的关注，这就是注意力。从大脑活动层面来看，注意力和感知是不能简单地进行分割的。

## 信号入口

我们的感觉过滤许多潜在的信号。一些潜在的信号，比如一名警察鞋子的颜色，是一种不会引起别人注意的信号。另外一些信号，像你鼻梁上眼镜的重量，是一种持续的信号，你会很快对它们做出反应。还有一些信号，比如远处乌鸦扇动翅膀的声音，你根本无法接收到。早期的心理学家古斯塔·费克纳、威廉·冯特、爱德华·布拉德福·撒切尔对于引起刺激的阈限非常感兴趣。他们问：人眼所能感知的最弱光亮是多少？耳朵所能听到的最轻微的声音是多少？手能感觉到的最轻的触摸是多少？

为了回答这些问题，研究人员测量了物理刺激量和它们产生的效果，此举为精神物理学奠定了基础。起初，精神物理学家认为他们能够测量出引起感觉的最小刺激量。但是不久他们发现这行不通，因为一些人比其他人更加敏感，而且一个人的阈限也是随着时间而改变的。你可以非常容易地证明你自己的阈限如何变化。拿一只走动的闹钟，把它放在你房间的一端，然后走远一点，直到你听不见闹钟发出的滴答声。现在往回慢慢走，直到你能再次听到闹钟声为止。这一点就是你受刺激的阈限。但是如果你静静地站在那里几秒钟，闹钟声有可能消失或者变大。为了再次找到你的刺激阈限，你不得不前倾或后仰。因此，费克纳认为，阈限不是固定不变的。费克纳还推论说，存在这样两个点：在其中一点，任何刺激都可以感受到，而在另一点任何刺激都无法感受到。在这两点中间，所检测到的阈限应该是上下限的50%。费克纳称其为绝对阈限。

## 恰可察觉差

早期的精神物理学家不仅想知道引起感觉的最小刺激量，而且想知道能够感受到的刺激量之间的差别。比如，有两只猫，一只重 0.9 千克，另一只重 1.8 千克，在蒙上眼的情况下，你可以轻松分辨出哪只比较重。但是如果一只猫重 0.96 千克，另一只重 1.02 千克，你就可能无法分辨出哪只比较重。欧内斯特·韦伯认为两个刺激量之间的恰可察觉差是一种比例而不是常量。在研究了相当一部分人后，韦伯认为重量的恰可察觉差是 1/53。这就是说，一个通常能够举起 90 千克的人可能觉察不出增加了 0.9 千克的重量，但可以觉察出增加了 2.3 千克的重量，因为 2 千克超过了 0.9 千克的 1/53。一个能举 136 千克重物的人在增加了 2.7 千克或更重的重量时，才能感到重量的增加。这就是韦伯法则，它不仅仅适用于重量，而且适用于味觉、亮度、响度。不同的人或一个人在不同的时间对于不同刺激的承受水平是不同的。

## 现代的研究方法

在感觉与感知的研究中，重点不是测量绝对阈限和恰可察觉差。相反，现代科学家关注大脑是如何发现神经活动与感知之间的联系的。研究神经体系如何运作的科学称为神经系统科学。这一研究领域建立在对人类行为、动物、精神病人以及神经学和解剖学的研究基础之上。

也许最重要的事实在于神经系统科学家拥有精密的仪器使得他们可以探测、勘查大脑活动，而这些手段在几十年前还无法应用。精神物理学家能够测量单个神经细胞的活动，并且通常能确认我们对刺激做出反应时所牵扯的特定的大脑区域。研究显示，在我们如何感知与我们如何在大脑中呈现外界事物两者之间存在着密切的联系。哈佛大学心理学家史蒂芬·考斯林和他的同事们进行了一系列研究。他们向参与此项研究的人员展示了一幅图景。在这幅图景中，有一些清晰的、能够辨认的标记。在被试者仔细观察这幅图景后，图景被拿走。令人惊异的是，当研究人员要求被试者设想图景中任意两点的距离时，被试者完成此项测试所花费的时间同任意两点的实际距离有直接的比例关系——两点之间的距离越远，被试者所花费的时间越长。

## 视觉

我们的大脑所形成的图像不是平面的，而是三维的，有高度、宽度、深度。我们能够在精神上移动这些高度、宽度和深度，以便从不同的角度观测它们。根据考斯林的研究，如果问我们，下图的青蛙是否有嘴唇和尾巴的话，我们会先从大脑图景的一端来观察青蛙，然后在大脑中将图景旋转再从另一端来观察它。如果青蛙的尾巴与嘴唇在同一端，我们回答上述问题所花的时间就比较少。不仅你的青蛙 3D 图像来自你的其他感官，有关青蛙的其他特征也来自你的其他感官。比如，你的青蛙图景可能还包括青蛙的皮肤肌

↑ 你头脑中关于这只红眼树蛙的图景是三维的，这幅图景还包括其他一些特征，比如青蛙的皮肤肌理等。

理、青蛙的叫声、青蛙的腿部力量等。尽管你大脑中的图景不是完全可见的，但可见的绝对是这些事物现实中最显著的特色。

**人类的视觉**

我们对于人类视觉与视觉体系所做的实验远多于对其他感知体系所做的实验。我们的眼睛是我们大脑的延伸，它沿着神经细胞突出在头部的前沿。这些神经束使我们的大脑和眼睛联系紧密。实际上，在参与将我们的神经网络与外界联系的细胞中，有40%的细胞来自于眼睛。

**色彩视觉**

每只眼睛的视网膜包含了7000万个视锥细胞，视锥细胞的数量几乎是杆状细胞的20倍。感光细胞则被压缩在一块只有棉纱厚薄、邮票大小的区域里。杆状细胞与视锥细胞有着各自不同的功能。杆状细胞比视锥细胞对光更加敏感。实际上，两种细胞对光都很敏感，以致其在正常的光线条件下都无法很好地发挥作用，因此主要在黑暗中发挥作用。同时，视锥细胞需要较好的光线才能发挥作用，它们使得我们可以看清细节和色彩。

尽管视锥细胞和杆状细胞有着不同的功能，但它们对光线的反应是相似的。当它们吸收光线时，两者所含的吸收光线的分子都发生变化。比如，杆状细胞含有微光感受器——视紫红质，这是一种非常敏感的化学物质，单个的光子都可以打散它的一个分子。当视紫红质被打散后，它就会引发一种神经信号。如果杆状细胞要继续对光线做出反应，视紫红质的各组成部分就要重新结合。正因为这种重新组合需要在黑暗中进行，所以杆状细胞才不能在白天很好地发挥作用。

视紫红质的微光感受器的再生很大程度上依靠维生素 A 和某些特定的蛋白质。橙色的食物比如胡萝卜和杏都富含维生素 A。所以说吃胡萝卜可以获得很好的夜视能力是对的。在那些缺少富含维生素 A 的食物的地区，夜盲症比较普遍。

**有关色彩视觉的理论**

如果我们把彩虹中的 7 种色彩混合在一起，那么结果是白光。如果我们仅选其中 3 种色彩——蓝、绿、红，结果仍然是白光。如果我们仅选取上述 3 种色彩中的两种，我们就有可能得到我们所看得见的所有颜色。

最后一种情况是三色视觉理论的基本出发点。这个理论首先由生理学家托马斯·杨（1773 ~ 1829）提出并最终获得承认。生理学家赫尔曼·赫尔姆霍茨对三色视觉理论进行扩充。根据杨—赫尔姆霍茨理论，将红、绿、蓝这 3 种不同波长的颜色混合，我们可以得到所有的色彩。因此眼睛只需要 3 种感色细胞。一种主要对红色做出反应，另一种对绿色做出反应，还有一种对蓝色做出反应。这些感色细胞体系的不同活动水平可以使我们感知不同的色彩。对色盲人群的研究显示杨和赫尔姆霍茨是对的，但这一过程用了 100 多年的时间。最后，科学证实人类的视网膜上含有 3 种类型的视锥细胞：一种主要对长波（红光）有反应，另一种主要对中波（绿光）有反应，第三种对短波（蓝光）有反应。

**眼睛与大脑**

眼睛对光波做出反应，并把它们翻译成神经信号传递给大脑。大脑解释信息，感知颜色、形状、质地和运动。把眼睛与大脑连接起来的是视觉神经。眼睛右半部分接收的信号传递给大脑左半球。眼睛左半部分接收的信号传递给大脑右半球（见下页图）。视觉信号的主要目的地是大脑的最后部——视觉皮质，也叫枕叶。视网膜上的影像是倒置的，并且比实际的物体小（见上图）。视觉皮质将影像正过来并进行诠释，以便使其看起来像实际的物体。

为了检验大脑在视觉感知中的作用，调查人员在刚出生的小猩猩的眼睛

↑光波碰到物体后从不同的角度被反射回来，只有一部分进入眼睛，并在视网膜上的某一点汇聚。视网膜上的图像是颠倒的，并且比实际物体小。视觉皮质随后会对物体的图像进行修正。

上放了一个透明的护目镜。护目镜使光线可以通过，但是小猩猩无法看清物体的形状和样式。即使将护目镜摘掉或小猩猩能指引自己的空间运动以后，小猩猩也需要几个月的时间才能够辨清物体，而且大部分小猩猩在护目镜摘除后，无法获得正常的视觉。同样，一出生就待在黑暗中或带有眼罩的小猫在打开灯或摘除眼罩后也无法获得正常的视觉。在幼年时期失明或无法接触光线的人也有类似的经历。这种对光线的剥夺使大脑与视觉建立联系的早期发展阶段受到损害。通过对动物的实验及某些人的个案研究，可以证明早期的视觉刺激对于正常视觉感知的形成具有极其重要的作用。

**特征检测**

为什么出生后被剥夺了一段时间的正常视觉刺激后的动物和人会有视觉问题呢？ 1981 年，因共同发现大脑在视觉中作用而获得诺贝尔奖的神经生物学家戴维·休伯尔和托斯登·威塞尔为我们提供了答案。他们记录了被剥夺视觉刺激的动物们的大脑活动水平，发现视觉皮质的很多细胞似乎不再发挥作用。而且，大脑视觉皮质的神经细胞之间的联系也更少。在一项研究中，研究者将猫的一只眼缝合，另一只眼保持睁开。当研究者拆除缝合以便使两只眼都发挥功用时，视觉皮质也只对没有缝合的眼睛做出反应。休伯尔和威塞尔在一些研究试验中记录了单个视觉皮质的活动，这使他们可以测量特定刺激对视网膜的效果。他们发现视觉皮质的某些细胞能够被一些明确的刺激激活。比如，一些细胞仅对特定的宽度做出反应，另一些细胞则只对特定的角度或轨迹清晰的运动有反应；一些细胞对垂直线做出反应，另一些则对水平线做出反应。如果那些做特征检测的细胞在生命早期未被激活的话，那么它们将永远不会发生作用。我们的感知体系依赖特征检测来认识我们周围的一切，从有皮毛的猫到声音，以及人的脸庞。

**识别脸孔和物体**

粗略估计一下，我们可以识别大约 3 万种不同的物体，其中一些物体有几十亿种不同形式。人脸就是一个很好的例子。作为个体，我们仅看到这个星球上的 60 亿副脸孔中很小的一部分。但是拿出 60 亿副脸孔做例子，我们都会毫无困难地辨认出来。不仅如此，我们还可以马上识别出我们所认识的几百副脸孔。可是，那些脸孔的差别有时非常微小，以至于我们无法用语言来形容它们的差别。如果从几十副相似的照片中挑出一副脸孔，你会发现你很难用语言描述它，除非这副脸孔有明显的标记，比如最近摔坏的鼻子。

那么我们是怎样识别脸孔的呢？这不是一个简单的问题。脸孔识别是非常复杂的过程，甚至精密的计算机做这件事都有困难。编程人员发现很难制订出一定的规则以便计算机能够检测出重要的特点，分辨出相似的组合。我们的感知体系好像有某种特征侦测器，它可以为视觉感知分辨出几十种重要的特征，比听觉感知分辨出的声音更多。

**格式塔法则**

识别像脸孔一样的复杂形式，或更复杂的脸部表情需要一定水平的抽象能力和决策能力——这不容易解释。根据格式塔心理学家马克斯·魏特海墨（1880 ~ 1943）、考夫卡（1886 ~ 1941）、苛勒（1887 ~ 1967）的理论，我们不是感知个别的特征，而是整体特征。

格式塔理论的基础是整体大于局部的简单相加，曲调比单个的音符更重要。是各个部分组成的结构而不是线条、角度和组成部分的简单相加决定了图形是梯形、三角形、正方形还是汽车。我们的大脑会对感官接收的信息做出最好的诠释，而且这些诠释经常反映出其他格式塔原则，如封闭性、连续性、相近性、相似性。

### 感知运动

当一个物体穿过我们的视野时，会在我们的视网膜上产生一系列的图像。但是如果我们在把头从左转向右的同时睁着双眼，我们只能得到一系列视网膜图像，却不会看见物体运动，这是因为我们的大脑抵消我们的运动。同样，如果一个物体通过，我们的头部也同时随着物体运动，这可能无法在我们的视网膜上产生图像，但是我们的大脑再次抵消我们的运动使我们知道物体在运动。

期望的感官刺激与大脑感知的刺激之间的冲突导致大脑向身体器官发出有冲突的信息。并不是所有运动都是真正发生的运动。比如，一系列静止的图片快速展示，就会出现运动的图像。有光的氖信号快速开关也会有相同的效果。还有很多假象，例如大脑对感知的解释所产生的图像。

## 听觉

在所有感官中，听觉对于口头表达和避免感情孤寂是最重要的。很多动物种类都是更多地依靠听觉而不是视觉来交流、定位和生存的。海豚在黑暗的水中不能依靠它们的视觉，它们实际上也不需要，蝙蝠同样不需要。这两种动物都能够发出声波，声波碰到物体后，以回声的形式返回来。神经信号从听觉器官传递到大脑，这样它们就可以依靠接收到的信息得到外部世界的图像。尽管我们不知道它们从回声中创造的心理表征是什么，但是它们对运动出色的控制力显示出它们有着同人类一样复杂的空间意识。对于所有意图与目标，它们都可以看见，并能意识到它们周围的世界。尽管人类的心理图像比蝙蝠或海豚的心理图像更形象，但对于有听觉的人来说，声音为大脑开启了另一扇窗户。

### 产生声音的刺激

声音是我们对由震动引发的波动效果的感知。声波通常是由分子（包括空气分子、水分子和固体分子）交替收缩和扩张引起的。我们对波动的感知是声音，而不是波动本身。

声波的产生与扩散类似于你向平静的池塘扔下一块鹅卵石。如果你仔细观察，你就会看见水波如何从鹅卵石入水的地方产生，如何一圈比一圈大地向外散开。水波的产生有一个固定比率，它们每秒中通过一些固定的点，这就是它们的频率。当波浪扩散时，频率不会发生改变。声波就像水波一样。声波的频率用赫兹来衡量。一赫兹就是每秒一圈或者说一次颤动。假如声音达到16万赫兹～2万赫兹，人类的耳朵就能听到。超过这个频率的就是超声波，低于这个频率的就是亚声波。频率越低，我们感知到的音调就越低。

↑向水中扔一块石头就会在平静的水面上产生扩散的波纹，这类似于声波的产生与扩散。靠近石头入水地方的水波比较远处的水波有更大的振幅。声波的振幅越大，产生的声音就越大。

海豚发出的一些信号高达10万赫兹，因此人耳无法听到。而另一些信号低于2万赫兹，我们就可以听到。

再来看一下池塘，你会注意到靠近鹅卵石入水的地方的水波比较远的水波有着更高的顶点（更大的振幅）。振幅是一个波形的高度，它随着距离的增加而减小，直到波形完全消散。在声波中，振幅或者说是响度以分贝来衡量。0分贝是人们刚刚能听到的最弱音。很高强度的声音是危险的，长期接触高强度的声音更危险。接触100分贝的声音超过8个小时会对听觉造成永久性损害，超过130分贝的声音会立刻损害听觉。

我们向池塘中扔入两个鹅卵石会怎么样呢？水波会从每个鹅卵石入水的地方向外扩散，并相互碰撞、交织、翻滚，形成网状的小波浪。这些波浪不能仅用频率和振幅来形容，因为它们太复杂了。复杂性是声波的第三个特点。我们周围的声波通常不是单纯来自一个源的声波，更多的情况是几个声波的结合。我们对声波复杂性的感知就是我们所说的音高。声音的这种特性使我们能够分辨出是父母的声音还是其他人的声音。

## 耳朵的结构

鲑鱼和其他鱼类在身体两侧有着对压力敏感的细胞线（称为侧线），这些细胞线能使鱼类侦测到水中的振动和化学物质，是它们在水下的嗅觉和听觉。同样，一些无耳蜥蜴和蛇通过骨头，特别是鄂上的骨头感觉振动。但人类不像这些动物，我们有耳朵。

耳朵的可见部分是耳朵外部的耳郭。这是一块软组织，它像问号一样盘旋在我们的头部两边。而短小、充满蜡状物的耳道可以把振动从耳郭传向耳鼓。耳郭与耳道构成了外耳部分。

中耳是一个狭窄的、充满空气的腔，由三块小骨构成：锥骨的一端直接与耳鼓连接，另一端与砧骨相连。砧骨与镫骨相连。镫骨上有一层小小的薄膜通向内耳。这里还有一个像欧氏管的通道，从中耳通向喉咙。

内耳包括一个充满流质的结构，形状像蜗牛壳，称为耳蜗。耳蜗向里伸展是基底膜，沿着基底膜是接收声音的毛细胞，它们构成了柯蒂氏器。

## 耳朵如何工作

外耳把空气分子搅动形成的声波通过耳道传向中耳的耳鼓，并引起耳鼓振动。尽管振动非常微小，但它能引起中耳内三块小骨头的振动，接着振动通过卵形窗传入内耳。卵形窗的运动促使耳蜗内液体运动，从而引发基底膜的波形运动，再促使柯蒂氏器的毛细胞运动。当毛细胞弯曲旋转，就会激起底部的神经细胞。神经细胞的脉冲信号通过听觉神经传给大脑的左右半球。

## 定位声音

我们的耳朵会在前后相差很短的时间里接收到许多声波。如果声音直接来自于耳朵一边，0.8 毫秒后，我们另一边的耳朵才会听到。最先听到声音的耳朵直接收到振动，后听到声音的耳朵所收到的振动强度比较弱，因为这些振动已经在大脑中转换了很多次。如果振动直接来自头顶、前方、后方，双耳听到声音的时间和强度是一样的。但是耳郭的形状会以不同的方式改变声波，这取决于声波的方向。我们用三种线索来判断声音的方向：时间差异、强度差异以及振动从不同角度冲击耳朵所发生的变形。

## 感知音调

在日常生活中，我们不仅仅想知道声音来自哪里，我们还想了解更多同声音有关的事物。我们想知道声音是谁的，是歌声、是鸟叫，还是动物发出的。我们希望能够检测、学习和分辨声音。为此，我们需要分辨音高（就像音乐中的高音和低音）。频率理论表明声波引起大脑的活动，这些活动是对声波频率的直接反应。

换句话说，每秒 500 圈的波动（500 赫兹）将引发每秒 500 次的神经冲动。有证据表明，的确存在这种情况，但这仅对较低的频率而言，因为神经细胞通常无法每秒达到 1000 次的冲动。第二种解释叫作部位论，它告诉我们如何感知音调。高频和低频影响耳蜗的不同部分。如果耳蜗的底部很活跃，我们能听到较高的频率；如果耳蜗后部的上半部分比较活跃，我们能感知较低的频率。

## 听觉与语言

口语是对我们日常生活贡献最大的。语言帮助我们创造文化。语言可以在近距离也可以在远距离发挥作用，可以在白天也可以在黑夜发挥作用。语言在人类进化过程中意义无可估量，对我们思考、解决问题的能力和适应能力的意义也是无法衡量的。在口语中，我们使用的声音是因为我们对它们的意义有广泛的共识。语言不仅包含听觉符号，而且包含视觉信号，比如，你正在阅读此页的文字。口语依赖于我们的听觉，而听觉像其他感官一样，依赖于大脑的活动。来自于两只耳朵的信息通过听觉神经传递给大脑的任意一边，我们的大脑听见并处理这些信息。处理声音就

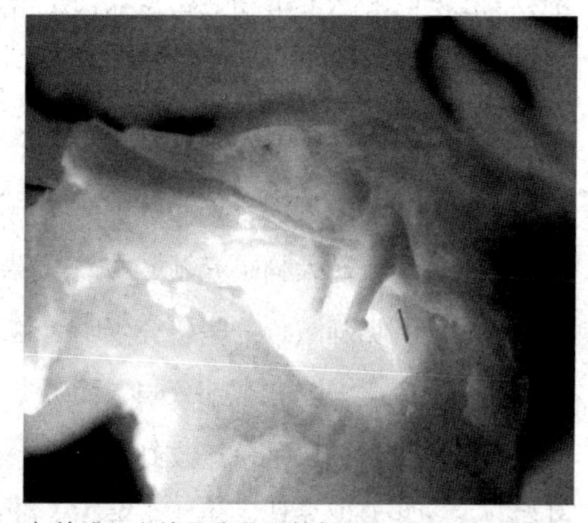

↑ 鼓膜，也就是我们所熟知的耳鼓，是耳朵的一部分，当声波进入耳朵时，它发生振动。图片中的小骨是中耳的锤骨，它通过砧骨和镫骨把声音从耳鼓传到内耳。

是分辨已经出现的声音或者分辨声音的意义。大脑如何把声音与意义联系起来仍需要仔细地思考，但是科学家确实知道这个活动发生在大脑的哪个部分。

**有关大脑活动的研究**

1861 年，外科医生保罗·洛卡（1824 ~ 1880）碰见一位患有严重语言表达混乱症状的病人，他仅能说一个单词。这位病人死后，布洛卡对他做了尸体解剖，发现病人左前脑皮质有一个区域有损伤。布洛卡推论出，就是这个损伤导致了这名男子无法拥有正常的发音能力。大脑的这个区域后来被称为布洛卡区。

不久以后，神经学家卡尔·韦尼克确认大脑另外一块区域同产生语言能力的关系相对于其与语言理解力的关系来说更加密切。这部分区域称为韦尼克区，也位于大脑的左半球。与韦尼克区非常近的第三个结构，是角状脑回。研究人员普遍认为，相对于右脑来说，左脑对语言的作用更大。

**事件相关电位**

脑电图、断层摄影扫描仪、脑功能测试器能够给出整个大脑或大脑各个区域的活动信息。最近的一些研究都利用了这些先进的手段来侦测大脑的活动。比如，脑电图给出了大脑活动总体记录；断层摄影扫描仪显示了大脑不同区域的活动水平；脑功能测试器描绘了大脑结构的各种神经活动。

当对一个人进行特殊刺激时，我们会采取脑电图记录。它使我们可以侦测到大脑中与刺激直接有关的电子活动，这种活动被称为事件相关电位。事件相关电位现在是大脑研究领域中最重要的变量。许多涉及事件相关电位的研究都使用听觉刺激。一些研究表明大脑左半部分对口语的反应及与产生语言相关的反应比大脑右半部分强，而听觉刺激中的事件相关电位在大脑左右半球都出现。当一只耳朵接收到信号时，在相反大脑部位中的事件相关电位更强烈。这些发现支持了语言主要与大脑左半球相关的观点和反侧主宰的一般原则。

反侧主宰意味着身体某侧（左或右）的接收及控制中心是在大脑另一

边的半球（右或左），就像视觉区域与大脑的关系一样。尽管我们知道布洛卡区涉及产生发声能力，韦尼克区涉及理解发声，但事件相关电位的研究表明大脑的许多区域都参与这两个过程。语言背后的神经结构是复杂的，而且不太明晰。比如，听觉信号产生的事件相关电位最早发生在脑干中，然后是其他几个大脑区域，最后才是听觉皮质。而且，事件相关电位不仅是对外界刺激的反应，独立于外界刺激的思考和感情也能引发事件相关电位。比如，当一个人期待一个信号时，就会出现事件相关电位。事件相关电位的研究仍处于早期阶段，但是它可能最终会告诉人们更多的有关参与不同的感知、心理、物理过程的大脑特定区域的知识。

## 触觉、味觉和嗅觉

我们的世界不仅仅只有声音、颜色和运动，还有气味、味道和质地结构。周围的世界有时酷热，有时寒冷。它可以垂直、倾斜、颠倒。我们有时也会处在倾斜和颠倒的位置。幸运的是，我们有其他一些感知体系和其他能发挥作用的感官，这使得我们的大脑可以了解有关我们周围的世界。

### 身体感觉

我们对视觉器官和听觉器官的了解比对其他器官的了解要多得多，特别是许多研究都集中在视觉研究上。这一方面归因于视觉与听觉在进化过程中明显更加重要，尤其是在交流和运动方面。另一方面在于研究其他感知体系比研究视觉、听觉更困难。这些感知体系对于我们身体功能非常重要。举例来说，身体感觉（也称为体觉）对于到处走动、对于保持垂直或了解身体位置、对于避开那些可能伤害甚至杀死我们的事物来说都是必不可少的。

### 触摸：触觉体系

“触觉”一词源于希腊语“能够抓住”，因此可以作为触觉的意思来使用。触觉感知体系也称为皮肤感觉，由各种接收器组成，这些接收器可以告诉我们身体接触的信息。一些接收器对压力非常敏感，另一些对冷热做出反应，还有一些让我们产生痛苦的感觉。这些感觉依赖于 1000 多万个神经细胞，它们拥有神经末梢或接近表皮（皮肤最外层）。位于脸部和手部皮肤的接收器比身体其他部位要多，因为脸部与手部是最敏感的区域。这些区域的敏感性可能是为确保物种的生存而慢慢进化来的。

**压力**

压力接收器在身体各部分的分布是不均衡的，两点阈限程序很容易证明这一点。让人在两点范围内轻触你身体的不同部分，同时逐渐改变两点之间的距离。压力接收器越集中的地方，你越能感受到这两点紧密靠在一起，而不是只有一点。在不太敏感的区域，这两点感觉起来比你单独触摸起来要相距远些。对大多数人来说，手指尖的两点阈值大约是 0.2 毫米，前臂上的两点阈值是其 5 倍，再往后阈值更大。这些对触摸敏感性的测试只是近似值，它们也没有完全反映一个人对突如其来的刺激的正常敏感性。这是因为当我们预料到一次接触或振动时，我们会特别敏感。我们对毫无准备的刺激就比较迟钝，不那么确定。

**温度**

两种不同的感受器使得我们可以感受温度的变化。一种感受器对热敏感，一种感受器对冷敏感。冷敏感器的敏感度是热敏感器的 5 倍。同我们对压力的敏感度一样，我们对温度的敏感随着年龄的增大而降低。脸部是对温度最敏感的地方，手足最不敏感。当温度下降时，冷接收器的兴奋度提高，当温度升高时，热感受器的兴奋度提高。如果我们想保持身体的温度在正常的范围内，冷热感受器提供给大脑的信息就必不可少。大脑通过发出使血管膨胀的信息调节我们的体温。当我们太热时，大脑增加排汗；当我们太冷时，大脑使血管收缩。如果这些措施还不够，我们的温度感受器会继续发出我们太冷或太热的信息，我们的大脑会建议我们烤火或跳进充满冷水的湖中。

**疼痛**

压力接收器能够快速地适应刺激。当你从头上穿上毛线衫时，你能感受到它轻柔的压力，但几分钟后，你就不会感受到它。与此相反，疼痛感受器

↑ 一位接受针刺疗法的病人。根据闸门控制学说，向身体插入一根针并控制它们，可以刺激中脑的神经元并阻止痛感传递。

不会那么快适应刺激。这通常很有用，因为疼痛是某个地方出错的信号。疼痛的功能之一就是阻止我们去做对我们有害的事情，如在碎玻璃上行走或靠在发烫的炉子上。压力、热度、某些化学物质对神经末梢的刺激都会产生疼痛。身体的一些特定区域，像膝盖后面、臀部、颈部等，比鼻尖、拇指根或脚底等区域包含更多的疼痛感受器。内部器官也有疼痛感受器，当它们受到刺激时，我们感到内脏疼痛即内部器官疼痛。在远离真正疼痛根源的其他身体部位我们也会感受到内脏疼痛。比如，心脏疼痛的人会在手臂、脖子或手部感到疼痛。

两种特征鲜明的神经纤维链把痛感传给大脑。一种速度快，一种速度慢。每种都导致不同的痛感。当你弄伤你的手或踩在荆棘上时，你所感受到的瞬间的剧痛由快速神经纤维链传导。强烈的、持续的疼感迅速传到大脑，因为它的功能是让你迅速离开引起疼痛的地方以避免更严重的伤害。它引起的反应是急速的、自发的。第二种类型的痛感通过较慢的神经纤维传导，它引起隐约的疼痛，即使你离开引起疼痛的地方，它还是存在。

马尔札克—瓦尔提出的闸门控制学说对大脑如何处理疼痛提出解释。他们认为，当连接疼痛感受器与大脑的神经细胞被激活时，我们就感到疼痛。那些称为刺激 C 纤维的神经细胞通过一系列“闸门”到达大脑。但是，那些“闸门”不是一直都完全敞开的，它们有时会彻底关闭。这是因为有另一种称为刺激 A 纤维的神经细胞能关闭一些“闸门”，阻止疼痛信号传给大脑。传递疼痛信号的刺激 C 细胞的传输速度快于阻止痛感的刺激 A 纤维。这就解释了为什么我们伤害自己时，我们会感到强烈的疼痛。“神经闸门”

涉及中脑的一部分区域，此区域的神经细胞抑制了那些通常可以传递从疼痛传感器接收痛感的细胞。当神经细胞活跃时，“神经闸门”就关闭，反之，“神经闸门”就开放。“闸门控制”理论也可以解释为什么针刺疗法可以缓解疼痛。如果针刺疗法是有效的，那么针的插入与活动可以刺激A纤维阻止疼痛信号的传递，然后关闭“神经闸门”。这个理论有时也用来解释幻觉肢体疼痛。

**化学知觉**

味觉和嗅觉在生物学意义上特别重要。它们的功能之一就是防止我们自己毒死自己，另一功能就是诱使我们进食。这两个功能对于生存都是必不可少的。使我们能够闻的器官是嗅觉上皮细胞，它位于鼻腔的上部。嗅觉上皮细胞表面覆盖着一团类似头发结构的纤毛。这些纤毛可以对溶解在黏液（稠且黏的液体）中的分子做出反应。这些分子成线状排列在鼻腔中，可以把神经冲动直接传递给位于嗅觉上皮细胞上面的大脑前下侧一个小突起——嗅球。

包括人类在内的许多动物的鼻孔都是向下倾斜的。这样有两个明显的优点：第一，热的物体发出的气味是向上的，开口向下的鼻子就比较捕捉到气味。第二，鼻孔向下，鼻子就不会被雨水或空中落下的物体阻塞。

我们有关气味的词汇是模糊的。我们不容易分辨相像的气味，但如果有强烈的类似的气味作比较，我们就比较容易区分。尽管有许多方法区分气味，可没有一种是大家公认的。不过，研究表明，人类对气味有强大的回忆能力与联想能力。此外，尽管我们描述气味的词汇比较贫乏，可我们能够区分超过一万种不同的气味。人类的嗅觉远远没有动物的发达。人类大脑只有很小的一部分参与嗅觉，而狗的脑皮质有1/3参与嗅觉。一些科学家估计狗的嗅觉能力比人类强大100万倍。

**味觉**

我们已经知道嗅觉依赖于溶解在黏液中的空气分子引发与感受器细胞

的联系。味觉则依赖于环绕在对味道敏感的细胞周围的液体中的化学物质。这些对味道敏感的细胞就是舌头上的小突起——味蕾。味蕾上有圆形的小孔，溶解的化学物质通过这些小孔能够到达味觉细胞。味觉细胞的生命周期为4～10天，之后细胞死去并再生。随着我们年龄的增长，味觉细胞的再生速度会变慢。人们有时会向食物中加入更多的盐和胡椒来弥补他们越来越少的味觉细胞。

↑一名香料商正在测试香水。人类可以分辨出一万种不同的味道，却没有丰富的或者准确的语言来描述它。

我们有关味道的词汇和有关气味的词汇一样贫乏。当问及某物的味道像什么时，我们会将其与其他类似的食物作比较。否则，我们就会简单地回答说它是甜的、酸的、咸的、苦的，或者这几种味道的结合。心理学家普遍认为酸、甜、苦、咸是最普遍的味道。而且，舌头的不同部位似乎对这4种不同的味道有不同的敏感度。这不意味着我们对这4种味道有不同的感受器，而是感受器对4种味道的结合做出反应，尽管并不清楚这种结合会留下何种味道印象。

我们对味道的感觉只有部分来自于舌头。无嗅觉的人不能像大多数人那样品尝食物。实际上，在品尝食物的过程中，嗅觉比味蕾的反应更重要。当我们紧紧捏住鼻子，咬一口苹果和洋葱，我们并不能分辨出两者味道上的差别。温度和质地也会影响味道。冷的马铃薯泥与热的马铃薯泥味道不一样。味道的好坏也依靠经验。在特定的文化中，幼虫、甲虫、肠子、鱼眼、驯鹿的胃、动物的脑子被认为是美味佳肴。各种汉堡和炸土豆条等垃圾食品对于有些人来说不太好吃。味道的偏好也会随着年龄的增长发生变化。

## 第四节

# 意　识

意识相当不同寻常——在它所提出的大量问题以及试图解释它的不同观点方面都是如此。它的范围包括从纯哲学的理论到基于神经心理学和人工智能的理论。近年来在意识研究领域有很大的进展，在这些研究中，关于意识的性质仍没有取得重大的一致。

“意识”一词通常用于日常语言中，但依据使用的语境，它拥有许多不同的含义。一般认为，当我们醒着的时候我们是有意识的；当我们的头部被击打时，我们有时会丧失意识；当我们试图改变一个习惯或学习一项新的技艺时，我们可能会说我们正在进行有意识的努力；在一段时间内，我们可能会无意识地或自主地做一些事情等。我们经常参加一些加强意识的活动，这些活动的目的是增强我们对药物、艾滋病、犯罪等的意识。面对这些不同的含义，我们很少会惊讶于对于这个词语的精确理解存在的混淆。

但是，关于意识的谜比关于如何准确定义这个词语存在的不确定更深入。一旦心理学研究中的一个被忽略的领域——意识——变成最热的学术话题，心理学家、哲学家、认知科学家和其他人就会开始合作，希望得到关于“什么是意识”的最好的答案。与之不同的一个问题是大脑如何使意识运作。新技术的发展使得科学家能够观察活动中的大脑，并帮助他们确认涉及意识经验的区域。

在我们开始试图回答这些问题前，让我们先研究一些例子。当我们进行一次需要局部麻醉的手术时，麻醉药使我们丧失了对疼痛的意识体验。如果我们闭上双眼，我们不再具有睁眼时所具有的相同的视觉体验。但当我们做梦时，我们同样是有意识的——并不是对外部世界有意识，而是对我们梦中世界中的体验有意识。

将这些事物放在一起，意识的基本特征看上去是我们内在的、主观的体验。这一要素使得意识成为一个棘手的研究主题。科学的前提是客观性——科学家将他们的理论置于直接观察和实验测量之上。不过，科学家发现客观地研究意识十分困难。首先，它并不是一个物质的客体，例如，它不能用标尺来测量。如果通过他人的眼睛来研究意识，结果是基于个人的、主观的判断。正因如此，对意识的研究长期是哲学学者的兴趣所在。经验的主观和客观记述之间的差异因为美国哲学家托马斯·纳戈尔（1937 ~ ）发表了《作为一只蝙蝠是怎么样的？》的著名论文而得到了强调。纳戈尔认为，无论我们怎么了解作为生物种类的蝙蝠（栖息时它们偏爱倒挂，它们日夜活动的模式以及它们利用回声定位来感知它们周围事物的卓越能力），我们仍不可能准确知道作为一只蝙蝠是怎么样的。例如，闭眼时我们能够想象倒挂将会怎样，但这是来自人的视角，而非蝙蝠的生活。同样，当我们通过感觉来获得环境的直接经验时，尽管事实上它们通过处理声波和电磁波来工作，但蝙蝠可能同样觉得它们是直接感知环境的。因为我们的感觉是很不同的，所以不论我们认识科学知识的客观程度如何，我们仍不可能知道作为一个主体的经验会是如何的。纳戈尔认为，这意味着我们需要从主观方面对意识经验进行科学的定义。

我们可以进一步将把意识分为客观和主观两个方面。澳大利亚哲学家大卫·查尔莫（1966 ~ ）提出了意识的主观经验如何与科学相关的“困难问题”。查尔莫描述了大脑过程如何产生意识经验的“简单问题”。当然，事实上这个问题一点也不简单，但查尔莫的观点是，在开始时这个问题根本不成问题，不像“困难问题”那样。

另一个澳大利亚哲学家弗兰克·杰克逊利用一种思想实验来对那些用科学术语来形容意识的人提出挑战。他让我们想象一个未来的神经科学家玛丽，她是一个色彩视觉领域的世界级专家。她知道所有关于视网膜和视锥细胞的知识，了解与视觉有关的大脑不同区域，以及它们如何处理来自眼睛的神经脉冲，并将它们与意识感知相结合。但由于她古怪的生活方式，自出生时她就生活在一个完全由白色和黑色装饰的房间（附有一个实验室）里，并且没有任何带有彩色图片的书籍，她没有看到过色彩。一天，玛丽走到屋外，看见一朵红玫瑰。杰克逊认为，这个经验给了她一种新的知识类型——关于“色彩是什么”的知识。这是玛丽不可能从科学研究中获得的知识。因此，杰克逊的实验暗示，即使我们知道所有关于大脑如何工作的知识，也不意味着我们知道关于意识的所有事。

## 二元论和唯物主义

关于意识的世界如何与物理的世界相关的问题，在几个世纪里一直困扰着哲学家们。他们中最有名和最有影响的是法国数学家笛卡尔，他认为心智和身体（连同物理世界的其余部分）是分离的，因为它们事实上是不同的物质。他放弃所有关于世界的假定知识，并思考所有确定的东西，以此形成了他的观点。在极端怀疑主义的最后，笛卡尔认为有一个观点是不能怀疑的——他自己的存在。甚至在怀疑一切时，笛卡尔仍意识到自己的思想。

二元论的理论认为，意识和心智存在于与大脑、身体和其他物质分离的领域。包括大卫·查尔莫在内的一些当代哲学家被主观经验表面看来分离的性质所说服，从而采取一种含糊的二元论立场。查尔莫坚持“性质二元论”。简言之，性质二元论允许物质世界具有两个不同的方面，即一般意义上的精神的方面和物理的方面。不同于笛卡尔所提出的二元论，查尔莫不认为心智和意识像一种完全不同的物质一样存在：它们不过是物质的比较独特的一个方面。查尔莫运用科学史上的一个类比来支持他的观点：19 世纪，科学家最初试图用物理学的流行术语（如重力和电荷）来解释磁学的规律，希望进一步的研究能建立起所有这些概念之间的联系。但是后来，他们接受了磁学是完全独立的观点，因此现在磁学被视为宇宙中一种基本的力。

尽管有查尔莫、杰克逊和其他一些人的观点，但是大多数研究意识的人都不是二元论者。他们认为，不存在独立的意识领域，它必定是大脑的一个方面，或者是大脑的一个功能，或者就是大脑本身。这个立场称为唯物主义。唯物主义者从科学史中获取不同的经验来支持他们的观点，因为很多科学现象最初出现时都是独立的，但后来都能用已经存在的理论来解释。一个例子就是温度。最初，温度被视为一种不同的物质。现在人们按照组成物质的分子的性质来解释它。温度仍然存在——正像意识和主观经验是完全真实的——但科学家能够按照分子的理论来解释温度。那么，是否有一天科学家能够用大脑中神经元的理论来解释意识呢？

唯物主义一个最有力的论据是，世界没有给除物理原因以外的其他原因留有空间。科学家现在了解了很多关于大脑运作的知识（尽管仍有很多留待发现），似乎所有事都能根据物理的原因来解释。描绘一个由特殊的刺激而引起你的手突然移开的动作因果链是有可能的，但意识在这类动作中不扮演角色，因为直到动作开始后，对刺激的意识才出现。这似乎表明，我们可以合理地假设引发我们动作的机械过程可以被同样地描述。如果这种假设成立的话，也就是说与神经科学其他领域的观点一致时，我们就很难理解怎么会存在着一个独立的精神实体，因为它似乎对大脑以及大脑过程的结果没有影响。更准确的，如果这是事实，我们则无需意识——它可能已“消失”，却没有出现不同。如果没有意识所有事也能被解释，为什么我们还要解释意识这样一个困难的概念？即便意识的概念被保存，我们也不容易明白在意识对

↑在一场篮球比赛中，你可以辨认所有的队员，但你能否辨认他们的精神？在任何体育运动中，团队精神作为运动员相互作用的一个整体的部分是存在的。大脑和意识之间与此有相似之处。团队可以比作大脑，当多数队员（神经细胞）相互作用时，意识经验就会出现。

我们的大脑不产生影响的情况下，我们如何才能知道意识是否存在。

如果我们接受唯物主义者关于不存在“心智物质”而仅有大脑的观点，那么仍然存在一个来自主观经验的特殊性质的问题。从外部看，大脑是一个类似于其他物体的物理物体。如果大脑从一个状态（特定的神经细胞被激活，其他的则没有）改变到另一个状态，那必须用支配化学和同样的物理法则来解释，大脑因此受物理学科的逻辑的约束。但从内部看，我们自身的经验与此略有不同。我们自己的经验似乎有着自己的逻辑，这个逻辑与任何物理法则完全无关。例如，想象你正在为朋友筹划一顿饭：你要思考，你要烹饪，为多少人准备，你想要买什么等。所有这些思考遵循了一个逻辑过程，但这个思考的逻辑顺序是否真的是作用于我们大脑细胞的物理法则的结果，或者我们是否真的拥有一个控制我们思考顺序的、逻辑的、有意识的心智呢？

面对这个问题，一个与唯物主义学派相同的理论是，意识经验是大脑活动的“自然发生的特性”。更确切地说，由于意识经验的复杂性质，它不能被孤立地观察或在显微镜下观看，它是作为整体的功能性大脑的一个特性而出现的。英国哲学家吉尔伯特·赖尔（1900 ~ 1976）是最早提出类似观点的人之一。赖尔攻击二元论为“机器里鬼魂的教条”，他认为心智（包括意识经验）与很多其他性质（这些性质是物质或过程的方面，但它们不是独立的存在）没有不同。赖尔把一个体育团队作为例子，他设想了一个外来者，这个外来者观看比赛，并徒劳地设法将“团队精神”视为独立于队员的某种东西。对赖尔而言，心智之于大脑就像团队精神之于有着很多队员的比赛：某种东西是从他们的相互作用中出现的，而不是某种可分离的东西。通过这种方式，赖尔承认了意识经验的现实性，这也意味着他在某种程度上否认了任何其他独立的领域。

当代哲学家扩展了赖尔的观点，他们认为大脑像一台电脑，意识是在其中运行的软件。电脑软件遵循编程语言的逻辑——类似于我们精神领域的逻辑。软件运行的各个阶段取决于硬件和电子电路的运行方式——类似于大脑的神经元。这种观点被称为功能主义或信息处理方式，在当代思想者中很流行。虽然功能主义是说明心智和大脑之间关系的一种有说服力的解释，但仍然存在一些问题（比如说明意识经验的特殊性质）需要解决。

## 大脑中的意识

当我们意识到某事时，我们的大脑中发生了什么？答案仍然是不确定的，但一些神经学的解释比较引人注目。这些解释中最突出的可能是由英国 DNA 先驱、生物学家弗兰西斯·克里克（1916 ~ ）和美国神经心理学家克里斯多弗·克奇（1956 ~ ）提出的视觉意识的理论。根据他们的理论，人们会对环境中的某些东西变得有意识，记录该事物的不同方面的神经细胞开始以每分钟 35 ~ 75 次的频率同时电冲。也就是说，在我们意识到柠檬是一个事物之前，我们的大脑可能已经记录了某个黄色的、柠檬形状的事物的存在，因此记录每个特征的独立的神经簇开始发射电冲。这些相同事物的独立特征遵循如下事实：它们的电冲频率都是一样的，并且，神经簇彼此间会及时发射电冲。对于一个不同的事物，不同的神经簇会以相同的频率发射电冲。在这个理论中，意识来自大脑中不同部分的神经细胞同时发射电冲，克里克称之为意识的“神经相关性”。

这个解释是理论性的，更重要的是，建立了意识经验的最重要的大脑区域的观点。当然，大脑的许多区域以某种方式参与意识经验。例如，我们在视觉上意识到某物，仅仅是一个复杂的处理路径的末端。从眼睛开始，在我们形成一个意识的感知之前，视觉信息经过视觉皮质中的几个无意识的部分传送。沿着这条路径是“联结区域”，视觉信息在那儿与其他来源的信息（包括记忆）结合，形成认知。在大脑额叶中，信息还要与先前存在的知识整合，因此最终的感知对每个人是有少许不同的。

就视觉而言，大脑皮质的特定区域（尤其是额叶）在形成意识经验中具有重要的作用。人类的额叶涉及所谓“更高级”的意识过程，如基于语言的思考等。额叶的最前部分（称为前额叶）涉及计划和推理。这个区域在自我意识和现实测试中起一定的作用，在痴迷宗教的人中发现的“高峰经验”类型的特定方面，就与颞叶内改变的神经活动相联系。

与意识有关的最有影响的研究之一是 20 世纪 50 年代由美国心理学家、生物学家罗杰·斯佩里进行的。当时，斯佩里将癫痫症患者的连接两个半脑（胼胝体）的一束主要神经纤维切断，来研究这对认知能力的影响。在特定的实验室条件下，这些“大脑分离的”主体在某种意义上不是有一个意识而是两个——每个半脑有一个。后来的一些研究者扩展了这个观点，认为事实上大脑包括许多“微观意识”，它们通常被整合成一个单一的意识，在我们经验的中心感觉到一个自我。

## 意识和机器

如果我们的大脑如同功能主义者和认知科学家所认为的，是信息处理系统，那么可能其他的信息处理系统也有意识。换言之，如果意识依赖一种特定类型的信息处理，那也可以认为电脑和其他机器也能有意识，即使现在没有，也可能在将来实现。这个问题在心理学家、电脑科学家和哲学家中有着很多的争论。一些理论家认为，当电脑变得更复杂时，它们将不可避免地拥有人类心智的某种方面——智力、思想，甚至可能是意识本身。其他一些人，如美国哲学家约翰·塞尔（1950 ～）认为，电脑不可能具有意识，最多仅能模拟大脑的活动。同样，电脑对天气模式的模拟不会导致真实的天气，因为模拟意识与真实的意识是非常不同的。

相反，英国数学家、电脑科学家艾伦·图灵（1912 ～ 1954）认为，机器在 20 世纪末可能会自我思考。图灵证明，所有的电脑在执行操作方面本质上都是一样的，它们都能被描述为理论上最简单的计算装置，即所谓的图灵机。图灵认为，大脑的运行也可以按照这样的机器来描述，因此它的运行应该能够被电脑复制。

## 无意识的心智

想让人们对周围的每件事都保持绝对的意识是十分困难的。如果你对每个单一的动作（例如走楼梯）都努力地保持意识，那么很快你的心智就会因信息过多而超负荷。如果心智能够过滤环境提供的大量信息（如熟悉的景象和声音），它就会更好地工作。实验心理学家运用术语“焦点关注”来描绘我们所意识到的和所关注的，而用“边缘关注”来指代处理意识以外信息的能力。心智能够对很多发生的事情进行边缘关注，而对环境中不熟悉的问题、决定和事情进行焦点关注。

当无意识心智被奥地利精神分析奠基人弗洛伊德和他的追随者引入到心理学时，现代心理学家发现，无意识心智影响我们思想的新途径不仅涉及我们的情感，而且还影响我们的判断和推理，而过去人们一直认为意识在其中占支配地位。20 世纪 60 年代，认知心理学家的实验显示，言辞信息在某种程度上是在意识之外被处理的。对“暗示的”知识（我们不能陈述的，但仍影响我们的行为）的研究表明，在复杂的任务中，无意识有时比意识能做出更好的判断。

## 自我意识

相对于大脑的无意识活动，人们普遍同意（尤其在西方）自我意识是意识的最高形式。自我意识是我们对自己的身心状态及对自己同客观世界的关系的认识。这项能力在人类发展中主要与语言能力联系，但它并不单独地依赖语言。研究显示，婴儿在会说话前就拥有某种程度的自我意识。例如，不满一岁的婴儿就能意识到自己在镜中的镜像与其他的镜像不同。人们还在黑猩猩身上进行相同的实验。当一只前额涂上标记的黑猩猩被放在一面镜子前，它最初会对镜像表现出敌意，并将镜像视为一个真实的入侵者。不久，黑

↑ 一个很小的婴儿就显示了某种程度的自我意识。心理学家认为，这种能力是与语言技巧相连的。不过，这种能力并不是人类独有的。研究表明，黑猩猩和海豚也能辨认自己的映像。这说明，黑猩猩和海豚与其他的哺乳动物不同，它们同样有高度发展的沟通技巧。

猩猩平静下来，最终认识自己的前额，并试图判断标记是什么。一些黑猩猩会学习使用镜子来引导自己的动作，甚至会用镜子来检查自己的脸和牙齿。这种行为表明，它们能够意识到镜像是自己的一个映像。一些哺乳动物（如猫和狗）不能识别它们在镜中的映像，甚至根本不将映像视为一个动物。能识别自己映像的动物显示出了某种程度的自我意识。

## 意识的变化状态

你是否有过这样的经验：当你在读一本书时，你没有听见某人对你说话，因为你专注于你所阅读的词句。尽管你是清醒的，但有时你发现自己的意识游离，仅以细微不同的方式感知事物。这是意识变化状态的一个例子——你可以视之为正常自我的一个改变。

每个人都有意识变化状态的经验。的确，我们耗费大约 1/3 的生命于一种变化状态——睡觉。催眠、冥想以及很多药物也能改变我们的意识。通过观察它们影响我们心智的方式，心理学家能够了解涉及意识的机理。

**催眠**

催眠是变化意识最有魅力也最富争议的状态之一。尽管它可能已经被土著北美和亚洲文化实践了数百年，但大多数历史学家将西方的催眠术的起源日期定为 1784 年。那一年，路易十六（1754 ~ 1793）下令对德意志医生弗朗兹·梅斯梅尔（1734 ~ 1815）的学说进行研究。

梅斯梅尔认为，宇宙受到各种磁力的控制。梅斯梅尔发展了“动物磁性”的理论，它描述了人类相互之间的吸引力。他还认为，疾病是由于我们的磁场不平衡而造成的。梅斯梅尔认为他本人拥有丰富的磁性，可以转移一些给他的病人，他可以储藏他们的“磁性流”，调整他们的磁平衡度，并治愈他们的疾病。梅斯梅尔在一个昏暗的房间为病人治病。他让病人手拿铁棒坐在一个装满铁屑、水和玻璃粉的桶内。随着柔缓的音乐，梅斯梅尔在屋内漫步，并不时用自己的铁棒敲打病人的铁棒。有时，病人会进入恍惚的状态。

梅斯梅尔声称用他的技术治愈了一些小的疾病，但是路易十六的专家们并不认为这是动物磁性的缘故。他们认为病人是被激发出来的幻想所治愈的。在现代医疗中，病人的身体状况的改善仅仅是因为病人认为治疗会产生积极的结果，我们称之为安慰剂效果。由于法国专家委员会的这个发现，很多梅斯梅尔的拥趸对他的理论渐渐丧失了兴趣，不过仍有一些医生采用他的技术来减少手术过程中的痛苦。例如，1842 年，一个英国医生切除了一个进入催眠状态的病人的腿，并没有造成任何明显的不适。“催眠”一词是英国医生詹姆斯·布莱德（1795 ~ 1860）发明的。这个词来自希腊单词 hypnos，意思是“睡觉”。在 1845 ~ 1851 年间，另一个英国医生詹姆斯·依斯岱（1805 ~ 1859）在催眠术的帮助下完成了很多手术。他的病人反映在手术过程中没有感到不适，很多人甚至不能回忆起疼痛。

**引发催眠状态**

虽然存在很多的催眠方式，但专业的催眠师使用的最普通的方法是放松练习。催眠师首先要求病人将注意力集中于房间内的某一点，然后要求病人注意他们自己的呼吸声，并要求病人想象自己体内的所有肌肉组一个接一个地放松，或者要求病人从 1 数到 10。当病人经历了更深的放松状态，催眠师建议病人感觉不断增强的松弛和昏睡。此时，病人变得更专注于催眠师的暗示而不再关注周围所发生的事情。结果，病人完全接受催眠师的暗示，被催眠程度的深浅依赖于主体的易感性。

一旦催眠过程完成（需要 10 ~ 15 分钟），催眠师可能给病人一系列的暗示来评估他们的催眠状态。在这段时间内，催眠师会运用事先安排好的信号（如敲一下肩膀上）来引发一个行为或将病人从一个特定的暗示中释放出来。

催眠的一个令人感兴趣的方面是，当病人回到正常的意识状态时，会有一些明显的变化。催眠师会向病人建议，当他回到正常的意识状态时或者察觉到事先约定好的信号时，要做出反应。例如，当病人感觉到催眠师触摸他的耳朵时就要站起来，这称为催眠后暗示。在催眠状态下，人们可能会对自己不寻常的行为感到惊讶，或者与催眠无关的合理解释可能会出现在他们身上，例如，他起身是因为他想离开。在后催眠状态中，人们会对暗示做出反应，当他们回到意识状态时，大多数人不能记起催眠过程中的任何部分。

**谁易受催眠的影响?**

研究显示，约15%的人非常容易受催眠暗示的影响，约10%的人对此有很强的抵抗力。研究者不认为易感性与任何特定的人格类型有关，但他们认为这与几组人格特征有关。它们包括下面几个特定的特征：

⊙吸收：一个人吸收想象和感觉活动的倾向。

⊙预期：期望被催眠的人通常易受影响；如果他们不期望催眠对他们产生作用，那它就不会产生作用。

⊙幻想倾向：一个人想象的倾向和有生动的幻想的能力。

**催眠的状态理论**

有两种关于催眠的相互竞争的理论：状态或特殊过程理论和非状态理论。

状态理论认为，催眠是意识的一个变化的状态。最著名的状态理论家是美国心理学家欧内斯特·希尔加德（1904 ~ 2001)。他的新分离理论发表于他的著作《分离的意识》(1977)，希尔加德提出，催眠将意识分成活动的不同通道。其他状态理论家提出，这种分离使主体将注意力集中于催眠师，同时在潜意识里或未集中注意力的意识里感知其他事件。

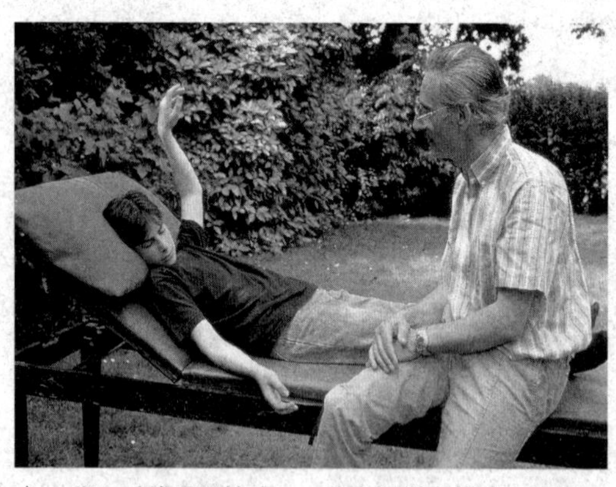

↑一些人对催眠更敏感。一些心理学家提出，遭遇反复性创伤（如儿童虐待或战争记忆）的人对催眠更有敏感性。这与当前关于催眠状态中大脑变化的观点相一致：这可能是一种大脑“分离”的形式——想要分离坏经历（例如虐待）的人在催眠中更倾向于分离。

根据希尔加德的理论，大脑包括通常容易相互间影响的亚系统。催眠暗示减少放松程度，一个亚系统（意识）能影响其他两个（记忆和痛感）。因此，受催眠的人会被说服忍受现实的痛苦，但是他们完全清醒时，却不会如此认为。一些例子可以支持希尔加德的理论。在这些例子中，病人在没有使用麻醉药的情况下进行手术，因为接受了催眠，所以没有遭受痛苦或只遭受很少的痛苦。

希尔加德理论的核心是隐蔽观察者的观点。我们意识中的一部分在催眠过程中一直保持清醒。隐蔽观察者能提供一个回到意识的出口，并能评论参与者催眠过程中的情绪。希尔加德在一次演讲中提供了标准催眠的示范来揭示这个效果。在催眠过程中，希尔加德暗示主体会在他数到 3 时变聋。当他数到 3 后，希尔加德在那个人的耳边撞击两块木块。那个人对声音毫无反应。希尔加德试图测试他的催眠性耳聋，用柔和的声音让他抬起手指。手指按时抬起，但那个人对此很惊讶，他解释说他不能听见任何指示。对希尔加德而言，这意味着人的意识的特定部分——隐蔽观察者，在催眠的影响下是独立的，正是意识这一要素遵从催眠的暗示让催眠主体抬起手指。

**冰水测试**

为了进一步探究隐蔽观察者的影响，希尔加德进行了一个测试：他要求受催眠者将手臂放入寒冷的冰水之中，并尽可能持续更长的时间。如果你将自已的手臂放入一桶冰水中，最初你会感到寒冷。不过半分钟之后，寒冷会变成疼痛。希尔加德发现，当高度敏感性的受催眠者被告知不会有任何疼痛时，他们的手臂可以在水中保持 40 秒。当希尔加德要求隐蔽观察者写下他们所体验的疼痛时，这个疼痛则强于主体对疼痛的物理反应。希尔加德认为，催眠在体验疼痛的意识与对暗示的反应之间制造了一个遗忘的屏障。不过，隐蔽观察者对疼痛的真实情况留有意识。无论隐蔽观察者存在与否，这个发现都暗示了自我意识在某种程度上与人类体验的其他方面相分离。

**催眠的非状态理论**

与状态理论不同，非状态理论是根据简单的心理学原理来解释催眠的。它不将催眠视为意识的一个变化的状态，而是用社会心理学来解释问题。非状态理论家认为，处于催眠状态中的人仅执行由催眠师所定义的情境中的任务。也就是说，并不是催眠状态产生了观察到的结果，而是催眠师所选的社会情境。这个情境使人呈现出所谓的顺从特征——准备对施加于他们的命令做出反应。

非状态理论家认为，催眠效果与当人们被一本好的小说或一部好的电影吸引时所体验的效果相似——我们中止对我们所见的现实的自然怀疑，进入到幻想的王国。一些研究显示，那些对催眠敏感的人有着生动的、有趣的想象。另外，催眠效果还与角色期待有关，相信催眠的人更容易被催眠。

非状态理论家也指出，缺乏证明催眠的大脑和非催眠的大脑之间存在不同的物理证据。的确，大脑活动的物理测量没有显示受催眠者和非催眠者之间的不同。一些研究者发现，在催眠状态中，脑电活动会有细微的变化，但是它们在控制实验中很难复制，对催眠的反应与处于深层放松和沉思状态的人的反应之间有多大的不同仍不是很清楚。

有足够的证据证明，受催眠的人与处于清醒状态的人的举止是不同的。因此，人们关注的焦点是，催眠是否是意识的一个变化的状态。

**冥想**

研究意识变化状态的心理学家也关注冥想及其对心智和身体的影响。冥想的目的是通过完全地关注思想过程来清除心智。最初，冥想出现在日本、中国和印度等地，它也是被称为瑜伽的印度教哲学体系的中心。瑜伽的目的是通过物理的和精神的联系，在完全清醒的状态中将自我与“神”相结合（“瑜伽”在梵文中的意思就是“结合”）。在20世纪60年代，冥想，尤其是借助超然冥想音乐进行的冥想在西方变得很流行。在

↑一个僧侣在缅甸曼德勒的独一无二寺旁冥想。心理学家认为，通过集中于特定的思想，人们可以用相同的方法来清除心智，并进入一个完全放松的状态。实验表明，当人们冥想时，大脑特定部分神经细胞的活动会发生改变。

依靠超然冥想音乐的冥想中，冥想主要是通过背诵咒语（一个词或不断重复的东西）来实现。

同催眠一样，冥想是放松的一种方式。一些心理学家认为，可能没有比冥想更神奇和神秘的了。由美国医生安德鲁·纽贝格进行的一项研究表明，当人们冥想时，大脑活动有明显的改变。纽贝格扫描了人冥想中的大脑，发现在冥想过程中，表达身体“边界”的部分大脑不活跃，这与冥想者感觉到与世界“成一体”是一致的。冥想似乎也影响精神处理过程。例如，冥想者比没有冥想的人更能出色地完成典型的右半脑的任务（如记忆音乐），但在完成与左半脑相关的任务（如解决问题）时却表现得比较差。

研究者特别感兴趣的是瑜伽大师。他们中的一些人能通过冥想来控制身体过程（这些过程通常是不自觉的，例如心跳），很多人还能够忍受痛苦的经历而没有任何不适的反应。1970 年，一位叫拉玛纳德的瑜伽大师利用瑜伽术在一个封闭的金属盒中待了超过 5 个小时的时间。科学家认为，他在这个过程中仅使用了普通人所需氧气的一半来维持生命。由此可见，通过冥想，人可以极大地减缓身体的新陈代谢。

### 生物反馈

生物反馈可以像冥想一样被用于控制身体的功能（我们通常并没有意识到这些功能，或者这些功能是处于自主神经系统的控制之下）。对于构建意识控制无意识的过程，这是一项非常有用的技术。它的原理是通过电子设备来揭示诸如心跳、血压或脑活动等人们能够学习控制的心理过程。例如，可以通过电脑显示器上的速度下降来观察是否减缓心跳，因为试图放松的效果可以通过图像显示。在实践中，即使在没有生物反馈设备的情况下，一个人也可以学习复制相同的放松状态。高血压、偏头痛、恐慌发作和胃酸的过度分泌都可以通过生物反馈得以治疗。

## 由药物引发的变化状态

有很多药物可以改变我们的意识。阿司匹林就是其中之一，因为它改变我们对疼痛的感知。几个世纪以来，人们服用药物主要是因为它们所引发的精神状态的改变——为了放松或刺激、引发或阻止睡眠、强化感知或引起幻觉。不同的药物根据它们对心智的效果来分类，所谓的精神类药物有四个主要的种类。它们是镇静剂、兴奋剂、鸦片制剂和致幻剂。

镇静剂通过减缓精神过程和行为来起作用。酒精是使用最广的镇静剂。另外，巴比妥类药物的处方药和安定等安定药都是镇静剂。它们能够帮助人们改善睡眠或减少焦虑。大多数镇静剂通过跟踪大脑中称为 GABA 感受器的区域来起作用。酒精能松弛自主神经系统，它对行为的刺激性效果，可能是由于它压制了大脑中通常涉及行为意识的那些部分。大量的酒精会减缓整个大脑的活动。

兴奋剂是增强警觉和物理活动的药物。使用最广泛和合法的兴奋剂是咖啡因（存在于咖啡、可乐和茶叶中）和尼古丁（存在于烟草中）。这两种物质对大脑和脊髓有温和的效果。和酒精一样，尼古丁具有促进抑郁和产生刺激的效果。一些研究表明，尼古丁对女性是弛缓药，而对男性则是兴奋剂。非法的兴奋剂，如安非他明、可卡因和摇头丸等，对大脑和脊髓有更强的刺激效果。

安非他明最早出现在 20 世纪 20 年代，它是一种增强警觉和增加自信的人工药物。在第二次世界大战中，安非他明被用于减缓士兵的疲劳、增强对战斗的准备等。接着，它被制成片剂，用于抑制食欲。后来，安非他明的效果使它被用于娱乐场合，不再作为医疗用药。服用安非他明后，人会活力猛增。他们可能会感到自己能够接受任何挑战或完成任何任务。不过，一旦药效消失，服用者就会从药物引发的“兴奋状态”“跌落”，感到精神沮丧，进而促使他们服用更多药物。用不多久，服药者就会用药成瘾。此外，安非他明还会激发攻击性，尽管这可能更多是由于成瘾所导致的人格变化而引起的，而非药物本身引起。安非他明对健康也有不良的影响，会引起心悸、血压升高和焦虑。

可卡因是一种有着长期滥用历史的高度成瘾性的药物。这种药是从原产于南美的安第斯山脉的古柯树中提炼的。秘鲁的美洲土著在几个世纪前发现了这种植物的叶子，当他们在田地工作时，为了增加体力以及减缓饥饿和疲劳，他们习惯于咀嚼这些叶子。可卡因的精神效果类似于安非他明。它能刺激大脑的额叶，并增加去甲肾上腺素（去甲肾上腺素能增加心跳速度和血压）和多巴胺的水平（多巴胺能在大脑的细胞之间传递神经信号）。可卡因和安非他明能够通过对激发行为的脑边缘系统的深层影响，制造一种预期的快乐感觉。

摇头丸也能制造欣快的感觉，并能使这种感觉持续 10 个小时。它通过摧毁制造 5- 羟色胺（大脑中的一种化学成分，能控制攻击性、情绪、睡眠、性行为和对疼痛的敏感性）的大脑细胞来起作用。在一些案例中，摇头丸导致极度脱水和极高热（身体的温度超过 41℃），而由此引发的痉挛可能是致命的。抑郁和恐慌发作也有可能是因为长期服用摇头丸造成的。

鸦片及其衍生物（鸦片剂）是另一类被使用了上百年的药物。鸦片剂会刺激涉及快乐情感的大脑系统。它们还会抑制涉及焦虑和自我监督的系统。鸦片和鸦片剂（如吗啡和海洛因）在医疗中用于减缓病痛。同可卡因一样，数百年来，鸦片剂也被用于娱乐，因为它能改变情绪，减缓焦虑，制造欢欣的情绪。所有鸦片剂都是高度成瘾性的，戒除时会伴有强烈的身体不适。

致幻剂会对意识有深层的影响。致幻剂也称为迷幻药。迷幻药扭曲大脑解释通过感觉接收到的信息的方式，致使人们的看、听、闻、尝和感觉趋于不真实。尽管对迷幻药有一种极度令人恐惧的反应，但这些致幻剂在某种意义上是令人快乐的。大麻是一种温和的致幻剂。吸食大麻的干叶或压缩的树脂，通常会产生一种欢欣的反应。时空的体验被扭曲了，记忆的功能也被干扰了。短时间内，使用者会丧失关于他们所做和所说的思想。从长远来看，他们的学习能力会遭到损害。

## 睡眠和做梦

睡眠是意识非常有趣的一个方面。尽管它是意识的一个变化的状态，通常不需要外在的媒介（如催眠或药物）介入，但睡眠并不是一个单独的状态。它包括大脑活动和意识变化层次的不同阶段。

睡眠的一个不同寻常的方面是，在大部分睡眠时间里，大脑和我们醒着时一样活跃。人们在梦中能有很强的精神体验，因此大部分睡眠代表了意识的改变，而不是如很多人所认为的意识的丧失。

睡眠中大脑活动的模式可以通过脑电图来研究。脑电图会记录被试者睡眠时输入其脑中的电极。在一个典型的夜间睡眠中，脑电图记录显示了不同的模式，它反映了睡眠的不同阶段。

**睡眠的阶段**

睡眠的两个主要的类型是快速眼动期和非快速眼动期。非快速眼动期睡眠有四个阶段。这些阶段之间的是快速眼动期睡眠。在快速眼动期，闭合的眼睑下快速的眼动清晰可见。快速眼动睡眠占整个睡眠的20%。

非快速眼动期的第一个阶段是昏睡期，即当你感到自己正要入睡时，还可能模糊地意识到你周围所发生的事情。当你从第一阶段到第二阶段，你可能会突然跳起或不由自主地抽搐，并且惊醒，这称为“入睡前惊醒”。在这个处于清醒和睡眠之间状态的阶段，很多人会看到生动的精神图像。这称为入睡前影像，它与清醒时的想象和做梦是不同的。

睡眠从第二阶段经过更深层的第三阶段，然后到了第四阶段。第四阶段的脑电图显示更深和更长的脑电波，与第三阶段的小而快的电波形成对比。在这个阶段，呼吸和心跳变得平稳。把人从这个阶段叫醒是相当困难的，不过，即使在最深层次的睡眠中，心智仍能对紧急的声音（如火警或哭喊的孩子）进行处理和做出反应。

↑ 澳大利亚土著人认为，梦与清醒时的生活是相同的。他们通过口述或绘画来共享梦中的故事。

快速眼动期睡眠的大脑模式与非快速眼动期睡眠第一阶段的脑电图是相似的。不过，快速眼动期睡眠与睡眠的所有其他阶段是不同的。快速眼动期是高度活跃的状态：心跳加速、呼吸加快、身体消耗更多的氧气。所有这些迹象显示身体正在消耗更多的能量，肾功能、反射以及荷尔蒙释放模式也有变化。在这个睡眠阶段，大脑和身体有着大量的活动，但没有动作。这是因为在快速眼动期睡眠，脑干阻止通往肌肉的信息，这被称为睡眠性麻痹。

80%的在快速眼动期被唤醒的人声称他们正在做梦，而从非快速眼动期被唤醒的人的做梦率只有 15%。快速眼动期睡眠有时被称为“异相睡眠”，因为它将整个身体的放松与被唤醒的状态和快速的眼动结合起来。通常情况下，在大约 15 分钟的快速眼动睡眠之后，大多数人回到一个更轻的睡眠（第一和第二阶段），然后进入更深的第三和第四阶段。在一个典型的 8 小时夜间睡眠中，人们会经历包括所有不同阶段的 4 ～ 5 个周期。

**我们为什么睡觉?**

我们为什么睡觉的理由并没有定论，但有两种主要的理论：恢复理论和进化理论。

睡眠的恢复理论最先由爱丁堡大学精神病学教授伊恩·奥斯瓦德在 1966 年提出。奥斯瓦德认为，快速眼动睡眠和非快速眼动睡眠都有恢复的功能。快速眼动睡眠恢复大脑过程，而非快速眼动睡眠补充身体过程。这可以用来解释为什么婴儿（他们发展中的大脑需要更多的时间来制造细胞和成长）需要那么长时间的睡眠。在他们生命第一年的最初阶段，婴儿每天要睡 18 个小时。在满 1 岁时，他们通常发展出两个睡眠阶段，一个在白天，另一个在晚上。大约 5 岁时，他们一天睡 1 次，时间通常是 12 个小时。大多数成年人一天仅睡 8 个小时，其中仅有 1/4 的时间是快速眼动睡眠，而婴儿的快速眼动睡眠占整个睡眠时间的一半。

心理学界对奥斯瓦德的恢复理论有一些批评之辞，其中之一认为，尽管大部分细胞修复是在晚上，但它 24 小时都会发生。另一种理论认为，快速眼动睡眠远不是平静的，它是高度活跃的内在状态，要消耗大量的能量。

1974 年，英国心理学家雷·梅第斯提出了进化理论，解释为什么不同的物种会在不同的时间睡眠。梅第斯认为，食肉动物（如狮子）容易获取食物、水和掩蔽处，它可以花费大量的时间睡觉；而那些有受到食肉动物袭击危险或为生存而努力的物种则睡得比较少。进化理论认为，动物在自然环境中越安全，它们就可能睡得越久。梅第斯还认为，正因为新生婴儿长时间的睡眠，母亲才不会疲惫。由此看来，睡眠还有一种保护功能。冬眠理论是进化理论的一个变种。它提出，睡眠的机理与冬眠的机理相连接，睡眠的机理可以保存能量，并保护动物免于危险。

梅第斯的睡眠进化理论遭到很多心理学家的批评，因为它没能解释为什么睡眠在大多数物种中如此普遍。动物在它们清醒的生活中进化出不同的物理特征和行为，所以尚不清楚为什么几乎所有的脊椎动物表现出相同的睡眠模式。

**睡眠障碍**

许多人存在着睡眠问题。

失眠症是指入睡很难。这是最普遍的睡眠问题。失眠症患者很难入睡，或者当他们在夜晚醒来时就不能再入睡了。医生认为，有 1/3 的成人遭受失眠，一些人的情况比其他人更严重。失眠症通常是特定问题的结果，尤其是创伤性的生活事件，如搬家、考试、换工作或人际关系困难等。在这类案例中，随着时间过去，睡眠模式在正确的引导下会回到正常的状态中。不过，慢性失眠症会持续很多年。失眠症可能是作为对特定问题的反应而出现的，但它可能会变成无法入睡的一种稳定的模式。

嗜眠症是一种罕见的、使人虚弱的睡眠障碍，它会导致过度的白天睡眠和猝倒（突然的肌肉收缩性丧失，导致病人摔倒）。一些嗜眠症患者在瞌睡或清醒时也会出现幻觉。与正常的睡眠相比，嗜眠症独特的症状是，在积极地参与任何活动时，嗜眠症患者都会入睡。研究者发现，嗜眠症患者的睡眠模式与睡眠正常者的完全不同。嗜眠症患者的快速眼动睡眠出现在入睡后的几分钟之内，而不是通常的 90 分钟。这种快速发作的一个结果是患者可能会产生幻觉。

睡眠窒息患者在睡觉时会暂时地停止呼吸。在睡眠过程中，空气通道变窄（通常是变得太松弛而出现闭合）阻碍呼吸。幸运的是，睡眠并不能阻碍呼吸的强烈需求。当阻碍出现时，由于氧气供应减少，大脑的呼吸中心开始警觉，患者会很快清醒并重新开始呼吸。调查显示，仅有 2%的人遭受睡眠窒息。

### 做梦

尽管心理学家建立了睡眠实验室来理解睡眠的机理和理论，但还是很难对梦进行研究。我们已经注意到，尽管在非快速眼动睡眠中也会做一些较少引起幻觉的梦，但与做梦相联系的主要是快速眼动睡眠。当人们在快速眼动睡眠中被唤醒时，他们几乎总是能回忆起梦境生动的方面。一些心理学家认为，当做梦的人环顾梦境的视觉领域时，快速眼动睡眠过程中的眼动可能与梦的内容更加相关。

## 生物节律

除了睡眠周期之外，大脑的潜意识控制了其他身体功能，从而形成了日常生活物理的和生物的节律。例如，体温的变化和荷尔蒙的释放是周期性的，并且由大脑中复杂的网络控制。

我们并没有意识到这些身体的节律，但很多节律显然是与外在世界（如季节的循环和日夜的交替）相联系的。意识的心智记录这些环境的变化，并影响身体的变化。心理学家已经注意到，对于相同的事件，不同的物种都会做出反应。例如，许多动物会在每年相同的时间繁殖后代。当松鼠被饲养在 12 小时明暗交替的实验室中，它们仍能在每年相同的时间冬眠。冬眠是内在节律的一个例子。甚至当外在刺激（如减少白昼的时间和寒冷的天气）不再明显时，内在节律仍被保留。

生物节律有 3 种主要类型：昼夜节律、超昼夜节律和次昼夜节律。昼夜节律是每 24 小时发生一次。词语“昼夜”来自拉丁文 circa（意为“在附近”）和 dies（意为“白天”）。人类的睡眠—清醒周期是昼夜节律的一个很好的例子。

超昼夜节律是多于 24 小时发生一次。例子包括女性的经期（每 28 天发生一次）和动物（如熊和松鼠）的冬眠。

次昼夜节律是每 24 小时发生多于一次。例子包括睡眠的不同阶段的转换、体温的变化、肾脏的分泌以及心率等。

## 昼夜节律

除了正常的睡眠—清醒周期之外，人们在一天的清醒过程中经历不同的层次。心理学家发现，在任何任务中，完成的质量受到人们完成的时间的影响。大学生在下午较早的时间比任何其他的时间都能更好地从一个演讲中摘录出主题。人们在早晨能更好地完成短期记忆的任务，而在晚上能更好地完成长期记忆的任务。非正式的调查问卷表明，一些人是“早晨型”，另一些则是“夜晚型”。它们的不同是因为昼夜系统中的“相位提前”——早晨型在很多测量中（包括体温）比夜晚型早 2 ～ 3 个小时达到顶峰。

## 人体的生物钟

Zeitgebers（德语“给时者”）是用来形容参与控制生物节律的外部刺激的术语。很多研究探究了内在节律制造者（如荷尔蒙）和“给时者”之间的关系。人们在有特殊设计的实验室中，排除外部世界所有的正常时间提示，从日夜的 24 小时周期到钟表、收音机和电视分别进行研究。研究的结果表明，很多生物节律在没有“给时者”的时候仍被保留，它们受到几个不同的内在“生物钟”的调解。

心理学家认为，这些生物钟或内在的起搏点有一个基因的基础。甚至在子宫内，胎儿有着规律的活动和静止的周期，而不受外部世界的影响。但为了与外部世界完全协调，内在的生物钟需要与外在的“给时者”相协调。

在人类和其他哺乳动物中，这个过程更复杂。主要的生物钟位于大脑中被称为下丘脑视交叉上核的很小的一个区域。在这个区域中，神经细胞有内在的节律放电模式。这些神经细胞能通过相互连接的路径来控制降黑素（一种作用于脑干引发睡眠的荷尔蒙）的产生。另一个路径将眼睛的视网膜与下丘脑视交叉相连接。因此阳光的外在“给时者”在下丘脑视交叉中调整活动，然后下丘脑视交叉从松果体释放降黑素进入血液中。这确保了阳光的变化程度与降黑素产生之间的连接得以维持。尽管这些生物钟有自己固有的特性，但它们还是依赖外部明暗的日常节律。一些研究者还试图排除“给时者”的角色来观察整体的系统的变化。

**时差反应、换班工作和季节性情绪紊乱症**

时差反应和换班工作会破坏我们内在的生物钟，扰乱我们正常的生物节律。例如，如果你下午 4 点从洛杉矶或旧金山出发，向东飞到英国，需要大约 10 个小时，你将在加利福尼亚时间凌晨 2 点抵达。但是，两个地区的时差意味着这时在英国是早上 10 点。此时，你内在的生物钟会释放降黑素，你会极度渴望睡眠。在这种情况下，迅速克服时差反应的最佳方式是，当你抵达时不要睡觉。你最好遵循“给时者”的节律，坚持不睡觉直至合适的时间。这可能意味着你将处于清醒状态超过 24 个小时，但对于适应新的规律是值得的。

降黑素有时被称为黑暗荷尔蒙，因为它主要是在晚上产生。1955 年，科学家找到了一种降黑素的合成形式。在美国，它作为克服失眠或时差反应的商品被销售。它也被用于帮助盲人通过时间的改变来重组生物钟。

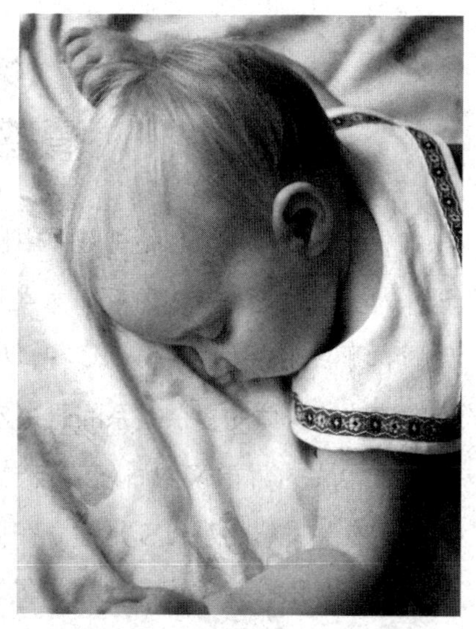

↑ 我们并没有完全理解为什么要睡觉。做梦是一种迹象，说明睡眠是意识的一部分，我们的大脑在睡眠时和清醒时一样活跃。心理学家认为，睡眠的时间长度是进化的需要。例如，婴儿长时间的睡眠使他们的母亲不会太劳累。

换班工作者（如护士、医生和收银员）通常有失调问题。雇主经常将轮班分为每 8 小时一段——午夜到早上 8 点，早上 8 点到下午 4 点，下午 4 点到午夜。如果你改变时段，显然会打乱你的内在生物钟。很多雇员被要求这个星期工作一个时段，下个星期换另一个时段，在第三周再换一个时段。而对时差反应的研究表明，身体需要大约一周来重新调整节律，因此一些换班工作者的生物钟可能处于一种持久的破坏状态。打乱的睡眠周期会导致易怒、注意力缺失以及压力增大。

气候也会影响行为和情绪。季节性情绪紊乱症现在被视为是一种在秋天和冬天影响人的精神疾病。在冬天，天气寒冷，日照很少，季节性情绪紊乱症患者会变得情绪低落。当夏天来临，日照时间变长，抑郁就会消散。一些心理学家认为，季节性情绪紊乱症是一种内在的特征，它反映了一种进化的适应性，可以减少冬天的活动水平。很多季节性情绪紊乱症患者可以通过每天在明亮的光线下照射一个小时来进行治疗，这是因为光线会影响下丘脑视交叉、松果体和降黑素释放的活动。

## 第五节
## 情感与动机

情感在日常生活和精神健康中扮演着重要的角色。理解情感有助于我们理解人类的行为。从古时起，人类就在设法解释情感是什么，由什么引起，大脑的哪一部分协调它们。现在，尽管对情感的理解取得了很多进步，但我们对情感与身体的复杂关系的研究才刚刚开始。

古希腊的哲学家像后来的科学家一样一直都在探求情感的本质，但目前我们有关情感的观点都是建立在自然学家查尔斯·达尔文、心理学家威廉姆·詹姆斯和威廉·冯特等人的理论基础之上。20 世纪 50 年代，对情感的研究渐渐流行，如今已成为心理学和相关学科的主要研究领域。

### 情感的本质

想象一下，你独自走在森林中，突然，你与一只大黑熊面对面，接下来会发生什么呢？尽管我们无法预料这次相遇的后果，但我们可以确信会有很多影响你的身体、精神和行为的事情发生，你会经历各种情感。你的第一个情感反应是惊讶，接下来你的心跳加速，你会把全部注意力都放在你面前的这只熊上。你会马上止步，身体僵硬，有强烈的逃跑欲。如果事后有人问你当时的感觉，你会说很害怕。

很明显，当你面对黑熊时，你的情感是复杂的。你的反应包括心理的、行为的和主观的反应。可以说，任何情感都像你的这次经历一样包含着三个因素：

心理变化，如心率加速、大脑中某个区域的活跃。

行为反应，如逃跑的倾向或者继续与引起情感的事情接触。

主观经历，如对某人感到愤怒、高兴、悲伤或其他引起情感的事情。

因此，情感是对真实或想象的刺激做出一系列特殊的、自动的和有意识的反应。当人害怕、愤怒或对某事自豪时，他会体验到情感。情感不同于情绪，情绪只是某种情感的暂时倾向。如果你感到满足、疲劳、烦躁、紧张、沮丧，你是在经历某种情绪而不是情感。脾气是比情绪持久的情感倾向。“感染”一词是心理学家用来形容一个人的情绪状态的。

## 情感的功能

1872 年，查尔斯·达尔文出版了一本很有影响的书——《人类与动物的表情》。在这本书中，达尔文认为，情感是进化过程中一种有益的产物，因此许多物种都有情感。他相信，物种在进化过程中保留自己的情感能力是因为情感在交流过程中扮演着重要角色——这可以提高物种的生存机会。

根据达尔文所说，每种对生存重要的情感都有特殊的表达方式。人类有两种表达方式很重要：面部表情（如微笑、皱眉）和趋向或避免某种事情的行为。回到前面那个遭遇熊的例子，如果有个女子在那种情况下看到你，即使她没有看到熊，仅仅通过你脸上的表情，她就知道你正在面对某种令人害怕的事。这个信息会促使她离开，以免熊注意到她。害怕表情的通讯作用因此会救了她的命，假如这名女子没有离开而是给你提供了帮助，也许还能救了你的命。

情感的表达使我们能够快速地交流，这对我们社交生活有帮助。实验性研究显示，只要瞥一下别人的脸，人就可以准确辨别其他人的情感状态。无法准确识别情感有非常严重的后果。比如，热情的微笑通常表达了高兴，窘迫的微笑意味着不安。对于不能区分这些不同的人来说，这是他在社交生活中很大的弱点。这一点甚至适用于所有的文化。但一些表情（如向陌生人保持固定的笑容作为谦恭的表示）在一些文化中可以，在别的文化中就行不通。

达尔文强调情感在物种进化与生存中的作用，在他之前的哲学家则认为情感是精神的混乱状态，它来自于我们早期的祖先并与我们强大的理智交织在一起。因此，他们相信情感是精神疾病和行为问题的主要来源。在 20 世纪 40 年代，达尔文关于情感是进化所赋予物种的优势的观点的影响逐渐扩大。今天，心理学家们认为情感有着重要的适应性功能，它使我们能够适应新的环境。其中一种途径就是通过提供动机推动力，也就是说一种情感促使个体做出反应。情感（如在森林中遇到熊所产生的恐惧）使得任意一种物种的个体在面对危险时都可以做出及时、可能的逃生反应（正如恐惧感促使你避免与熊亲密接触）。因此，感情能为行为提供强有力的指导，因为它能提供清晰的、你要达到的目标（如躲避黑熊或接近攻击者）。除了告诉你在危险的环境下如何逃生外，情感还能调动能量供你实施逃生行为。情感经历包括自动神经系统的活动变化，大脑通过这种通讯网络可以控制包括骨骼肌肉收缩的身体的各个部分。在突然遇到熊的情景下，恐惧感会促使自动体系提高心率和血压。恐惧感还提供给肌肉氧气与葡萄糖，以便你迅速地远离危险。

情感除了具备交流和动机功能外，还提供信息。情感会引导我们的注意力集中到重要的刺激之上，并提供信息流让我们决定是否维持如逃跑这样的行动目标。就像当你吃冰激凌吃到恶心时，你就会停止。当某人的言论惹你恼火时，你会停止与其谈话。从实用的观点来看，情感为行动提供重要的指南：它们能快速、明晰地传达刺激，为行为提供目标与能量，并告知你如何应付。因此，情感在进化中扮演某种角色，它们确保了物种的生存。

## 基本的情感是天生的吗

情感的实用性观点在认同达尔文进化论的科学家那里占据着主导地位。这种情感观点认为，人类都有一套基本的情感，这对物种的生存很重要。有大量证据表明，基本的感情是天生的，而非习得的。心理学家卡罗尔·伊泽德和他的同事研究证实，天生失明的人仍旧会在脸部表情上显示出基本的感情，如高兴时微笑或恶心时皱皱鼻子，尽管他们从没有看到过这些表情。

除了面部表情外，还有更多的东西会显示基本的感情吗？当然，特定的基本感情会引发特定的行为，如逃跑、侵略性或关怀。这表明不同的基本情感可能会引发自动神经体系（如心率、呼吸、消化或其他体系）的特定反应模式，以使身体做出合适的行为。

1983 年，保罗·艾克曼、罗伯特·莱文森、华莱士·弗里森发现不同的基本感情与自动神经体系的特定变化相连。他们要求参加测试的人调节面部肌肉来显示某种特定的基本感情，同时，他们评估与神经活动的激活相连的心理因素。艾克曼和他的同事得到的证据明显表明，不同情感的表达总是伴随着神经系统的不同调节。这些发现还表明，在基本情感的面部表达与身体如何准备行动以增加对基本情感的认识之间存在联系。

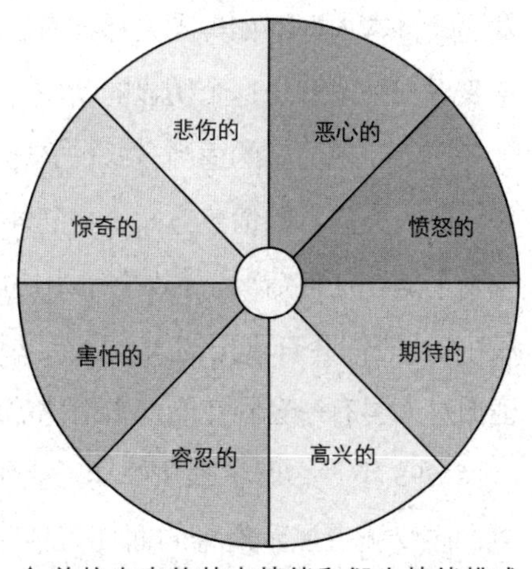


↑普拉奇克的基本情绪和衍生情绪模式（1980）。这 8 种基本情绪融合在一起，衍生出越来越多的复杂的情绪。比如，惊奇的情绪夹杂着害怕就产生了惊恐的感受，而喜悦伴随着害怕就产生了内疚、犯罪感。

目前，还没有自动神经系统方面的研究证实面部反应与自动神经系统存在积极地联系。最经常得到证明的是愤怒的表达与经历总伴随着血压的升高。还有证据表明情感影响自动神经系统的活动，并有能力调动机体的能量。现在，还有可靠的证据证明有一套固定的人类基本情感与特定的心理和行为反应相联系。

1980年，心理学家罗伯特·普拉奇克对于情感提出了一个不同的观点——普拉奇克模式。它包含8种主要的天生情感——高兴、容忍、害怕、惊讶、悲伤、恶心、愤怒、期待。根据普拉奇克的理论，这8种情感在物种生存中发挥重要作用，因为它们与鲜明的行为程序相连，如愤怒时的破坏或高兴时的亲近。普拉奇克模式的一个重要方面是它还考虑到更复杂的情感，如罪恶感与爱。普拉奇克认为这些复杂的感情源自于基本情感的结合，比如期待与恐惧相结合产生焦虑。

对于基本情感观点的一个批评来自日常观察。尽管艾克曼和其他人的发现是正确的，但是来自不同文化背景的人实际上并不会用同一种方式表达基本的情感。如果基本情感是天生的，是人类进化过程从祖先那里继承的话，那么美国人与日本人应该用同一种方式表达喜悦与悲伤。但许多西方人发现，日本人远不如美国人那样有表现力。艾克曼与弗里森试图通过引入情感表现规则来解决这个明显的矛盾。这个理论中，文化规则决定了个体在社会环境中表现情感的适当方式，文化也因此成为决定情感实际表达的一个因素。但人类基本的情感方式不会随着文化的不同而变化，这是因为情感表现规则不是在任何情况下都发挥作用的。当人在私密空间独处时（文化的影响最小），他们会有真正的天生情感表现，而不是公共表现。但是，还有其他证据对人类有一套固定的基本情感的观点提出质疑。

1995年，心理学家詹姆斯·娄维尔在一份研究报告中指出，当他与同事们向受测者展示滑稽的面部表情时，受测者并没有用标准的6种基本情感去描述这些面部表情，而是用了两个基本的范畴去描绘它们：高兴—不高兴和平静—觉醒。娄维尔得出结论说，以前那些显示可以准确辨认基本情感的证据是因为研究方法上有缺陷。尽管娄维尔驳斥了其他心理学家提出的基本情感是文化假设的产物的观点，但他同意不同的文化在描述情感方面有重合。

## 环形情绪模式

娄维尔的二元理论并不新鲜。100多年前，哲学家、心理学家威廉姆·冯特就提出所有的情感都能分为两种范围：高兴和唤醒。这种模式称为环形情绪模式，这是从基本情感角度对情感进行解释的另一种主要观点。

1988年，彼得·兰出版了一套图集——《国际情感图集系统》。所有的图片被分为两个级别——愉悦（可以令人高兴的或不高兴的）和唤醒（在看图者眼中可能具有抚慰或唤醒情感作用），比如：有花的图片是令人愉悦的，但没有唤醒作用；色情图片是令人愉悦的，并能唤起性情感；残疾的身体会令人不快，并使人产生厌恶的情感。

彼得·兰在一个研究中使用了这套图片。在研究中，受测者情感反应的两个独立方面被记录：受测者对唤醒与愉悦的主观评定和对他们自动神经系统活动的客观衡量。唤醒级别可以通过测量皮肤传导力与上皮质活动（可以用实用的磁性共振成像或核磁共振成像来测量）的估算。通过测量脸部两侧肌肉、颧大肌、皱眉肌可以区分与大脑的亲近和避免系统相连的愉快与不愉快。图片越令人愉快，侦测到的颧大肌的电活性越多，肌肉被大脑激活后收紧脸颊，人便露出笑容。图片越令人不快，侦测到的皱眉肌的电活性越多，皱眉肌能够使眉头皱紧。兰把受测者对自己情感反应的评估与实际的心理测量相比较时，他发现两者有很多一致的地方。这种一致性证明这样一种观点：愉悦与唤醒是如何区别情感的重要方面，但这无法说明人类是否有一套相同的基本情感。

## 情感产生的原因

是什么导致了我们都熟知的那些情感经历呢？还是让我们回到遇到熊的那个例子。在这种情况下，你可能会认为你会由于恐惧而逃离那只熊。根据常识，恐惧会让你心跳加速，身体僵硬。但是，威廉姆·詹姆斯却使用森林中遇到熊这个例子颠覆了上述理论。

根据詹姆斯的情感理论，你害怕熊是因为你出现了害怕动作——你有意识的恐惧是你身体对威胁做出反应的结果，而不是反过来。詹姆斯提出这样一个观点：是情感行为产生情感。

尽管100多年前詹姆斯就提出了这个理论，但他的理论现在仍然产生着影响。詹姆斯提出特定的情感总会有特定的内脏变化和骨骼肌肉调整，我们只有通过身体的变化才能体会到情感。那些受詹姆斯理论影响的研究者根据他的理论提出了面部表情反馈假说。

心理学家吉姆·莱德尔对于此项假说进行了一些研究。研究显示，如果人们调整面部肌肉以适合他们情感表达时的表情，那他们就会实实在在地感受到情感。这项发现证实了詹姆斯的理论，即仅通过显示有感情的行为就能产生情感感觉。根据莱德尔的研究，这种效果只有那些熟悉他们自己的身体并注意到身体发出信息的人才会感受到。

↑心理学家沃尔特·坎农（上图）与菲利普·巴德建立了大脑路径理论，以证明情感刺激如何产生身体反应。他们推断视丘下部是控制大脑中情感的核心区域。

詹姆斯革命性的理论不久就受到批评，其中最有影响的是沃尔特·坎农。他是一名生理学家，在20世纪20年代研究自动神经系统。根据他的研究，情感刺激引起的内脏变化晚于相伴生的感觉。坎农没有发现证据表明内脏变化的特殊模式与特定的情感有联系。因此他得出结论：詹姆斯对事件的排序是错误的，身体并没有特定的情感唤醒模式。坎农认为，产生压力情感的刺激首先在大脑中产生一个紧急状态的反应——一种总体的唤醒状态使身体为消极性的刺激（不管该刺激本质上何种刺激）做出对付或逃跑的准备，与此同时，“我害怕”这个有意识的情感会产生。坎农在一种有影响的理论中详细解释他的论断，这一理论阐述了信息如何通过大脑各个部分来产生有意识的情感经历和身体反应。

20 世纪 60 年代早期，社会心理学家斯坦利·沙赫特提出了一种理论，该理论是詹姆斯与坎农两种相冲突观点的折中。根据沙赫特的“双因素”情感理论，环境的任何重大变化都会使自动神经系统产生总体唤醒状态。这种唤醒被假定为非特定的，这符合坎农的观点。沙赫特最大的贡献是解释了总体唤醒如何变为情感唤醒。根据沙赫特的理论，当人们经历唤醒时，他们的心跳会加速，并问自己为什么会这样。他们感受并表达的情感取决于他们对此的解释。唤醒的量级决定被感受的情感的强度，而不是它的特点。

为了说明沙赫特的理论，设想一下你的心跳在加速，这种心跳加速会使你爱上你刚刚遇到的一个有吸引力的人，而你会把心跳加速归结为他的出现。或者心跳加速会让你与别人发生争执，而你认为此人的言论让你恼火。关键的前提是你不知道心跳加速的真正原因，因此你也就无法描述。一旦你找到真正的根源并能描述，即使这种描述只是简单的“我移动得太快了”，都会使你产生满足感，你也就不会再有进一步的情感经历。沙赫特的理论足以证明情感反应有多么大的暗示性。

## 认知与情感

当沙赫特关注身体的反应（如心跳加速）会先于情感经历时，另一些研究者则从另外的角度对情感进行了研究。他们中的一些理论主要关注是什么使刺激产生情感。对于这些研究者来说，认知（大脑的信息处理过程）比身体反应更重要。个性心理学家玛格达·阿诺德在 20 世纪 60 年代引入了评估概念。评估是从刺激到反应这一链条当中最重要的一环，阿诺德将它定义为“对潜在的有害或有利环境的主观评价”。根据认知学说，人们对环境的评价方式将最终决定他们的情感经历，是评估过程决定身体对所评估刺激的反应。但是，值得注意的是，阿诺德并不认为人们可以有意识地评估环境，评估可以在无意识的情况下自动做出，而评估过程有意识的结果就是情感感觉。

通常，人们对同一刺激的感觉和反应会有很大差异。根据评估理论，产生上述状况的原因是人们在环境评估方面的差异。阿诺德将把情感定义为对趋向知觉为有益的，离开知觉为有害的东西的一种体验倾向。评估可以是有意识的，也可以是无意识的，当人们意识到评估结果时，就会体验到情绪。除了引入评估概念外，阿诺德提出了行动倾向概念。行动倾向（如逃跑或战斗）是行为冲动，可以变成实际行动。它们也能决定对刺激或事件的情绪反应。

下面通过具体例子对这两个概念做一下说明。尽管很多人都同意野生黑熊很危险，但当我们遭遇一只黑熊时，一些人会比另外一些人更害怕，还有一些人会感到愤怒而不是恐惧。根据评估理论，产生这种差异的原因在于一些人认为熊比他们强壮，而另一些人认为他们能够战胜熊。那些认为熊比他们强壮的人会有逃跑的冲动，而那些认为同熊一样强壮的人会有与熊搏斗一番的行为冲动或待在原地，他们可能会攻击熊或吓走它。在与熊的遭遇中，他们更能体验到愤怒，而不是恐惧。

20 世纪 70 年代末，社会心理学家伯纳德·韦纳提出了一个新的情感认知理论。情感是“冷认知”的结果，这是大脑处理信息的精神战略。此理论主要关注复杂的情感如罪恶、自豪、害羞和同情等与自身和他人相连的情感。根据韦纳的学说，对一件事的情感反应取决于人对事件的定因而不是事件本身。

根据沙赫特的双因素理论，那些经历不确定唤醒的人（如心跳加快）会受到激发去寻找对感觉的解释。他们寻找的解释会赋予不确定性唤醒一种情感性。另一方面，韦纳的理论是在试图不触及生理过程的情况下解释情感的唤醒。韦纳把他的理论用来解释学校、专业领域、运动场这些成绩取向环境下的情感。韦纳对引起特定情感的原因做了分类。例如，他的理论预测，如果人们相信缺乏个人能力是导致失败结果的原因，那么他们会在无法通过考试时感到羞愧；但如果人们认为是负责监考的老师不公平才导致自己无法通过考试，那么情感反应就是愤怒。

最近，该理论被用于研究反社会和亲社会行为（帮助别人对帮助者没有明显的好处）的效果研究。比如，一名男子在地铁中跌倒，如果你认为此人正身患疾病，那么你就会对他报以同情；但如果你认为他喝醉了，你则会很生气。你是作为旁观者还是帮助者的情感态度取决于你认为对方是否应该为他所处的困境负责。

## 情感和社会

在 20 世纪 80 年代，一种称为社会构成主义的激进观点将情感的基础同生物学的距离拉得更远，并稳固地建立在认知之上（大脑皮质中的活动是情感产生的原因）。根据社会构成主义的理论，情感是规则和书写的产物（这是我们记忆事件和形成对所发生事件的观念的方式），一个社会以此预先形成对事件的反应。规则和书写决定了人们解释事件的方式，并且表明何种情感反应是合适的，何种是不合适的。情感是认知现象，心理学家詹姆斯·艾维尔用愤怒作为例子来说明这点。不同的社会都发展出明晰的规则，这些规则针对造成自己伤害的他人的愤怒做出合适的反应。例如，在西方文化中，当伤害是不可控制或者并非他人故意的时候，愤怒通常被视为是不合适的。艾维尔运用来自不同社会的很多例子来证明他的观点。一个新西兰的例子表明，在西方文化中被视为不可接受的极端行为，在古鲁伦巴人群体中却是被容忍的。这是因为他们用以理解其群体认同行为的话语符号与西方社会不同。

## 情感和无意识

情感的认知方法为大家所熟知，但这些方法在 1980 年遭到一种关于情感和认知分离的、更有争议的理论的挑战。社会心理学家罗伯特·扎琼克认为“偏爱无须推论”，也就是说，我们的感情不需要预先的思考。因为意识信息的处理需要时间，我们的大脑在对情感刺激做出反应前，需要了解它们。扎琼克认为因刺激引起的情感反应比认知理论所能解释的更快、更自发。此外，我们常常能够在思考一个状态之前，叙述我们对这个状态的感受。

扎琼克的目的是反驳关于信息处理在情感反应之前的观点，他认为引起一个情感反应并不需要意识的评估过程。他的观点引发了激烈的争论，尤其是在扎琼克和理查德·拉扎鲁斯之间，后者是评估过程的主要拥护者。

根据扎琼克的观点，认知和情感会互相影响，但两者是截然不同且相互独立的过程。扎琼克报告了一些实验的结果，在这些实验中，他和同事研究了人们在对刺激做出反应之前受这个刺激的影响。实验表明，人们在受到刺激时会自发地形成关于这些事先不熟悉的不确定的刺激的态度——喜欢和厌恶这类基本的情感反应。例如，扎琼克给实验参与者呈现一系列他们不熟悉的中文文字，然后评价他们喜欢或厌恶的程度。他发现一个特定的表意文字越是频繁地呈现在实验参与者面前，他越是喜欢它。

纯粹的影响甚至会在刺激出现的几毫秒内出现，这时实验参与者不可能有意识地认知这个刺激。只有当表意文字在很长一段时间后被呈现时，实验参与者才能判断喜欢它们的程度。实验结果显示，不管他们是否记得这些文字，实验参与者感到之前已经看到过的表意文字更可爱。因此，人们能够形成基本的情感反应，诸如对待一个事物的态度，但并没有关于它的有意识的认识。

在后来的研究中，扎琼克和他的同事研究了潜意识的情感准备。在实验中，一个有着情感冲击的刺激（一幅画着皱眉或微笑的图画）呈现在实验参与者面前。这些初始的刺激作为随后出现的刺激的一个“准备”，被下意识地呈现，也就是说，它们被快速地展示，实验参与者不可能有意识地认知它们，它们看见的仅是在银幕上的一瞬间的闪现。在初始的刺激呈现后，一个不熟悉的刺激很快呈现在实验参与者面前。最后，第二个刺激被再次呈现，实验参与者被要求判断他们喜欢的程度。结果显示，一个人们不熟悉的文字出现在一个笑脸符号后，比它出现在一个皱眉符号后更能被人们喜欢。希拉·穆菲、詹妮弗·莫纳汉和罗伯特·扎琼克在进一步的研究中证明，潜意识中的情感准备会影响毫无任何准备下接触事物时的印象。这就意味着，人们会把潜意识中毫不相干的各种好恶联系起来形成自己的态度。

### 持续的争论

尽管对于情感的认知方法存在着大量的争论，但是大家还是认同诸如评价的处理程序在已经存在的情感规则中扮演着重要的角色。如果你很生气，你可能会通过重新评价使你生气的事情来控制愤怒，你可能会说“它实际上并不重要”或“他们并不是故意激怒我”。同样，激怒你的人可能会重新评价他们的行为并且道歉，希望你重新考虑你的反应并且压制你的愤怒情绪。

当代大多数研究情感的人赞同信息处理是情感反应的一个必要的部分。大脑必须接受一些信息，并且它必须处理这些信息以产生一个情感反应。个人不可能完全认知刺激，并在经历情感前对它们进行有意识的评价。无论如何，将情感视作无意识可能是一种误导。相反，我们可以说无意识信息的过程会将我们的注意力指向重要的刺激并产生情感。

## 情感和大脑

大脑是神经系统的“控制中心”，它负责协调情感的各个部分——感情、生理调整和表现的行为。不同物种的大脑结构中的相似之处体现在相似的情感行为上（诸如遇到威胁时的逃跑，被激怒时的攻击性行为）。

自从 20 世纪 30 年代起，大脑研究者试图揭示大脑中不同区域的不同功能，包括逃跑和攻击行为的机理。对于大脑的现代认识显示，这是一个包括很多亚系统在内的复杂的系统。一些区域涉及一个特定的功能，例如，视觉皮质产生视觉。无论如何，通常大脑的每个区域都涉及一个以上的功能，这些区域与不同的区域和结构一起工作来实现某种功能。

这些不能确定数量的不同区域在产生情感中起了一定的作用。事实上，不同的物种表现出相同的情感行为，诸如在特定状态中的逃跑本能或方法，

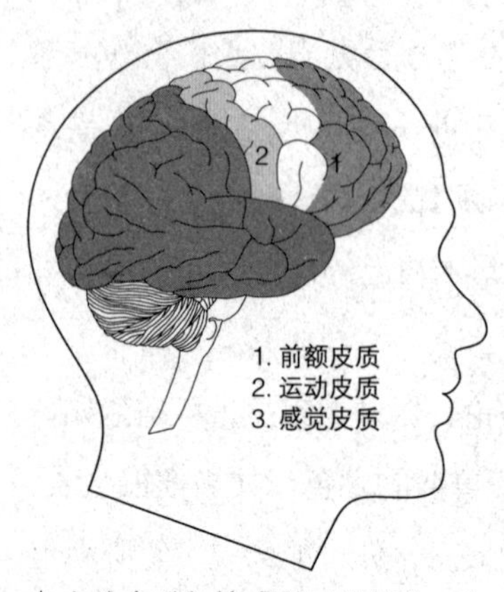


↑ 大脑皮质与情感联系的部分：大部分大脑皮质用于处理来自外部刺激和身体内部的感觉信息。

这暗示了协调情感的区域在大脑进化的早期阶段得以发展，并解释了为什么大脑皮质并不是寻找情感所在的部位。尽管部分大脑皮质在情感的一个组成部分（意识的情感情绪）中扮演重要的角色，但是我们需要在大脑进化阶段中更古老的部分里深入寻找情感的其他方面。

自主神经系统受到大脑中更古老的部分的控制。19 世纪的研究者发现，当人们受到情感刺激时，自主神经系统会有反应，并且对情感的自动反应保留在今天所研究的一个主要的区域内。

自主神经系统被划分为交感神经系统和副交感神经系统。交感神经系统负责人体系统的刺激，诸如心血循环和呼吸；副交感神经系统负责抑制系统以降低活动的程度。交感神经系统和副交感神经系统的释放作用（由神经元传递的电子信号）刺激了几个器官中的反应。瓦尔特·卡侬发现，紧急的反应是交感神经释放的一个很好的例子。例如，交感神经的刺激出现在害怕和愤怒的过程中，而厌恶包括副交感神经的释放。当交感神经系统受到刺激时，神经传送体（或化学传送体，称为肾上腺素或降肾上腺素）会在血液中释放。释放作用刺激人们的身体做出反应以注意（或挑战）他们所面对的——可能去忍受和面对重负，或者在重负面前退缩。由副交感神经组织所释放的乙酰胆碱会在身体脱离压力状态和达到放松状态时出现。因此，自主神经系统在刺激和产生行为，以及用物理的方法表达情感中具有重要作用。

大脑进化阶段中更古老的部分在被称为脑脊髓的自主神经系统的控制中扮演重要角色。脑脊髓位于大脑底部的脑干中。脑脊髓中的一部分（喙的部分）的电刺激引发全身的交感神经反应，而另一部分（迷走神经）的刺激引发副交感神经的释放。脑脊髓受更高部分脑干的影响（向下投射），即下丘脑、杏仁核和皮质区域。所有这些区域在情感中具有重要作用。

查明大脑区域在情感中的功能是很困难的。用科技手段对大脑皮质的活动进行测量的结果可以告诉我们在深层的大脑区域所发生的事情。作为替代，研究者使用动物来了解这些区域的进一步知识。在一种类型的研究中，研究者用电刺激大脑的特定区域，直到引起一个行为（如攻击）。另一种方法称为损害研究，是用损害（切割）来系统地毁坏部分大脑，直到一个情感行为（如逃跑）消失。此外，研究者用成像技术来研究人类的大脑，如磁共振成像，它可以使我们看见正在发生的大脑活动。另一种成像技术是正电子摄影术，这种技术使得大脑活动的区域变得可见。它们的主要优点是人们可以对活动着的大脑进行研究。这些技术最近才出现，对使用者而言是很昂贵的。

对大脑损伤的研究是另一种被长期使用的研究人类大脑的方法。研究者通过测试得知大脑遭到损伤后，它的何种能力受到限制或者丧失。例如，19世纪的神经学者保罗·布洛卡和卡尔·韦尼克通过研究大脑损伤病人以及菲尼亚斯·盖奇在1848年遭到事故（一根棍子从右边穿过他的前脑）后的情况，发现了大脑中主要的语言区域的位置，并认为前脑在人格和情感表达中扮演着重要角色。

**情感大脑的模型**

在最近100年间，研究者试图发现大脑内情感传导路径。主要的问题是，大脑中的哪个区域负责引发和协调情感表达、体验和身体反应。

威廉·詹姆斯相信情感情绪是情感行为的结果。他根据当时已知的知识，提出了一个关于大脑内情感的传导路径的理论。他的理论将大脑皮质的两个部分——感觉皮质和运动皮质联系起来。詹姆斯认为，一个情感刺激（如森林中的一只熊）进入感觉皮质，并在那里被感知。关于刺激的信息从感觉皮质传到运动皮质，这就产生了一个身体反应，如从熊那儿逃离。身体反应反馈到大脑皮质，皮质就感知到身体正在运动。对身体反应的感知就是我们作为情感情绪所体验的。总之，詹姆斯认为关键的大脑传导路径是大脑皮质间联系，并且大脑并不拥有一个特定的情感系统。

尽管生理学家瓦尔特·卡侬和菲利普·巴德同意詹姆斯关于大脑皮质负责情感情绪的意识体验的说法，但是他们相信，其他的大脑结构是引起和协调情感的关键。大约在 1920 年，菲利普·巴德通过对猫进行的一系列损伤实验来研究愤怒和狂怒。他得出了一个引人注目的发现，这个发现看上去似乎可以反驳詹姆斯关于大脑皮质的情感传导路径的观点：猫的大脑皮质被去除后，仍然显示出明显的情感引发的征兆。当受到威胁和挑衅的刺激后，它们仍能够对攻击性行为做出高度自主的反应——紧急反应。而且，它们的反应甚至比拥有健全大脑的猫更强烈，这可能是因为反应并不是由大脑皮质来调解的。这个发现表明，情感的传导路径处于更深处的大脑结构中。

基于他们的损伤研究，卡侬和巴德形成了关于情感的神经系统理论。巴德发现下丘脑是表达愤怒的重要大脑结构。下丘脑位于前脑的底部，并形成了前脑与中、后部大脑的分界，在自主神经系统反应（包括“战斗和逃跑”反应）中扮演重要的角色。去除猫的下丘脑，它不能再表现出愤怒的反应，另一方面，对下丘脑的电子刺激能引起狂怒的反应。卡侬和巴德由此得出结论，下丘脑是情感大脑的重要部分。

卡侬和巴德提出传导路径是按一定顺序运行的。当特定的区域接收了感觉信息后，感觉信息从丘脑进入相应的大脑皮质（丘脑的作用是将身体感觉传递到大脑皮质，并告诉大脑的各部分身体所发生的情况）。信息同时传递到下丘脑。一旦下丘脑接收到信号，它就激起身体反应（这可以从情感表达中看到）。同时，下丘脑将信号传递到大脑皮质，表明已经引发了情感反应。这个信息与感觉信息（直接来自丘脑传导至大脑皮质的刺激）相结合，产生这样一个结果：一个情感情绪被体验。

### 环形理论

1937 年，解剖学家詹姆斯·帕佩兹提出了一个理论，这个理论可以扩展卡侬和巴德的假说。如卡侬和巴德一样，帕佩兹假定情感的感觉信号是通过丘脑的。正是从那里，这些信号被导向大脑皮质和下丘脑。帕佩兹同意意识的情感情绪是在大脑皮质中产生的，而下丘脑负责激起身体的情感反应。

帕佩兹绘制了更为详细的大脑中情感传导路径的地图。他得出结论，情感情绪在扣带皮质中产生，这是在大脑中轴中更为古老的结构，现在被视为脑边缘系统的一部分。根据帕佩兹的观点，扣带皮质联合了来自进化阶段中较新的感觉皮质的信息和下丘脑的信息。

帕佩兹认为，有两条通向大脑皮质的传导路径。第一个是从丘脑通过扣带皮质到达感觉皮质的“思想流”。第二个是从丘脑通过下丘脑到达扣带皮质的“感觉流”。下丘脑将信号传送到前侧丘脑（器官的前部区域），信号从那里到达扣带皮质。同时，扣带皮质从感觉皮质接收情感刺激的信息，并将这些信息与来自前侧丘脑的信息合并。此外，帕佩兹认为可能还存在着一条大脑控制情感反应的传导路径：这条传导路径从扣带皮质通过海马状突起退回到下丘脑。这条传导路径很重要，因为它打开了解释内部“思想”（而非外部的感觉“刺激”）如何产生情感的大门。例如，一个坐在办公室中想起自己孩子微笑的母亲，会体验到随之产生的亲切的情感，即使她的情感的任何物理刺激可能很遥远。大脑皮质的区域涉及感知和记忆，它也能够刺激扣带皮质，扣带皮质通过海马状突起刺激下丘脑。

帕佩兹的环形理论是研究情感大脑的基准之一。根据今天的知识，环形理论仍然是不完善的，因为它没有考虑到诸如杏仁核这类在情感反应中扮演重要角色的重要结构。

### 脑边缘系统模型

帕佩兹的模型对另一个情感大脑模型的发展产生了重要的影响，即情感的脑边缘系统理论。因为生理学家亨里希·克卢维和保罗·布希的研究，人们得知一个被称为杏仁核的微小且常常被忽略的结构在对刺激产生攻击性反应过程中具有一定作用，至少在动物中是如此。例如，破坏野猴的杏仁核会使它们变得温顺而平和，而对猫的杏仁核进行电刺激会使它产生攻击或害怕的反应。这些发现对心理学家保罗·麦克里安在 1949 年形成情感的脑边缘系统理论产生了影响。他提出的情感传导路径在 20 世纪 90 年代之前一直为大多数研究者所接受。

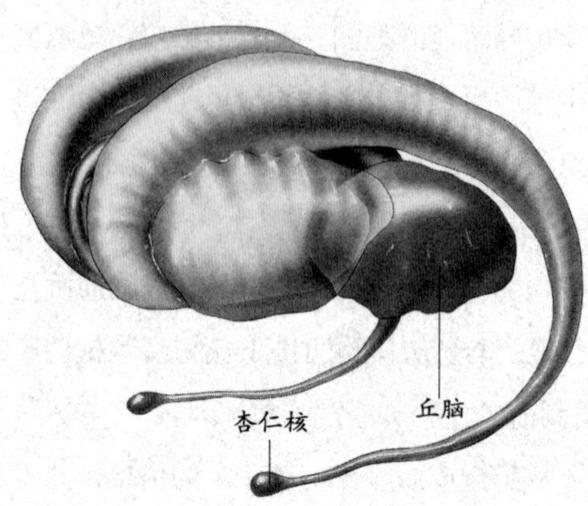


↑边缘系统位于大脑皮质的正下方，其中包括很多的部位和结构，比如杏仁核、丘脑和海马等。边缘系统这个名字是保罗·麦克里安于 1952 年正式提出的，它被认为是主要负责情绪反应的。在 20 世纪 90 年代，相关的研究人员曾经对这一理论提出质疑，暗示这一理论（也暗示这一领域）还应该有其他的功能和作用。

麦克里安吸收了卡侬、巴德和帕佩兹等人的理论和发现，强调了下丘脑在情感的物理表现中的作用如同大脑皮质在情感情绪中的重要作用。他的目标是揭示大脑的这些区域是如何相互沟通的。我们知道，新大脑皮质（大脑皮质中新近演化的大部分区域）并不与下丘脑连接，却与被称为嗅脑的更古老的中皮质部分相连接。麦克里安相信，大脑的这部分与嗅觉有关，而且是情感的所在。因为对这一区域的电刺激导致了自主神经系统的反应，麦克里安用“内脏脑”来称呼这一区域，他认为这里是未演化出新大脑皮质的动物大脑中心中最高的等级。内脏脑是所有的本能以及诸如繁殖、摄食、战斗和逃跑等基本情感行为的“命令的桥梁”。尽管我们的大脑有一个发展良好的新大脑皮质，但我们的内脏脑与进化不完全的动物几近相同。因此，内脏脑看上去似乎是产生所有行为和功能的所在，这些行为和功能由进化调整而来。

麦克里安认为，情感情绪是来自外部世界的感觉刺激以及来自动物体内的内脏感觉的产物，这些信息在海马状突起中整合。海马状突起的细胞排列整齐，如同键盘上的按键，感觉和内脏脉冲由这些“键”进入海马状突起。根据麦克里安的观点，当特定的海马状突起细胞遭受刺激时会产生特定的情感。

1952 年，麦克里安创造了“脑边缘系统”一词来指称大脑中与情感反应有关的区域。在帕佩兹的环形理论的基础上，麦克里安在脑边缘系统中包括了杏仁核、隔膜（位于两个半脑之间）、海马状突起，以及与内脏功能有关的任何区域。作为帕佩兹理论中重要因素的扣带皮质则不在麦克里安的模型中。尽管对这个区域是否像视觉和听觉系统那样是一个具有特定功能的系统仍存在争议，但是研究者还是使用“脑边缘系统”来指称大脑中的这一部分。最近的研究发现，诸如海马状突起之类的脑边缘区域在记忆中比在情感中扮演的角色更重要，这表明海马状突起事实上并不是情感大脑中的主要部分。

### 杏仁核

1996 年，神经生理学家约瑟夫·勒都提出，杏仁核是情感大脑中最重要的结构。杏仁核是许多神经元网络的聚合体。它位于前脑中，麦克里安认为它是脑边缘的一部分。勒都将他的分析聚焦于一种特定的情感——害怕，视其为一种基本的情感模型。损害研究支持了如下假说：杏仁核是害怕反应最重要的大脑区域，因为当杏仁核的中央核遭到损害之后，害怕反应会消失。害怕反应的组成因素，包括身体反应的僵化、血压的上升、压力荷尔蒙的释放等都受到来自杏仁核不同信号的控制。

勒都研究情感的方法是对麦克里安脑边缘系统理论的扩展。感觉一种情感是一种意识的体验，并且涉及大脑皮质，对一种情感的反应依赖于“内脏脑”。勒都发现的情感路径解释了无意识信息处理是如何引发情感和影响行为的。勒都描述了情感大脑中两种不同的杏仁核激发情感反应的路径。在这种模型中，情感刺激的信息通过一种被神经生理学家称为“低级路径”的短而快速的路径，从感觉丘脑到达杏仁核。当你在森林中遇到一头熊时，通过这条路径传递的信息，会使你自动地停止运动，并且使你的行为僵化。甚至在你有意识地认知在你面前所发生的事情之前，你的动作已经僵化了。因此，在你对刺激和境遇进行长时间的分析之前，这条短而快速的路径会产生适应性的情感行为。这是有可能的，因为杏仁核由所有必要的信息来激发和调整一种情感反应，并应对一种特定的境遇。

刺激的意识分析需要一种更长的路径，称为“高级路径”，它通过感觉皮质传递。高级路径更长，具有如下优点：在大脑皮质认知致使你的刺激僵化之后，杏仁核才被激发。大脑皮质在认知了刺激之后，才对境遇进行意识的分析，致使你僵化的可能仅仅是像熊的矮树丛。如果是这样，大脑皮质会指示你继续行走；如果不是，大脑皮质会强化你的害怕反应。高级路径的主要优点是使你能够控制自己的情感反应，这很重要，尤其是在人们所生活的复杂的环境中。不过，控制情感反应只有在生存得到保证时才是必要的。保证生存是短路径的任务，当短路径行为不能被长路径行为缓和时，可能会出现情感问题。

勒都基本同意以前的研究者关于情感情绪是意识体验的观点。意识依赖我们“工作记忆”的能力。杏仁核直接与前额皮质连接，并且与扣带皮质和眼眶皮质相沟通，后两者都涉及工作记忆。对工作记忆中情感情绪的体验主要由三种信息的整合产生：实际刺激的信息、由杏仁核产生的情感反应和对刺激类型的明确记忆。这个过程得到海马状突起的支持。

## 理性和情感

1994 年，神经学家、心理学家安东尼奥·达玛西欧在《笛卡尔的谬误》一书中提出了自己的核心论题：情感和感觉是我们拥有快速适应环境并迅速做出决定的能力的基本要素。通过与妻子汉娜的研究，达玛西欧得出了情感是合理性所必不可少的因素的观点。

做出决定需要解决两个可选项之间的冲突。想象你坐在一家饭店里，你必须要从菜单中决定你所要点的。根据达玛西欧的观点，你应存在两种做出决定的方式。第一种是考虑和评估每一个选择项的所有优点和缺点。这意味着你必须考虑所有支持和反对吃意大利面的理由、所有支持和反对点牛排的理由，以及整个菜单中其他的东西等。显然，即使菜单的内容是有限的，这种做出决定的方式也是非常耗时的。达玛西欧描述了运用这种“高度理性”的方式做出决定的病人。跟这种类型的人一起去饭店是很有压力的，大多数人不会选择这种方式。

另一种做出决定的方式是使用“身体标记”的方法。当你坐在一家饭店时，你读出比萨，记起它的口味，在你想象这种比萨的时候感觉你的嘴巴湿润，因此你选择它。这种做出选择的方式快速而简单。运用“身体标记”并不是突然地决定。这种做出决定的过程是基于“内在感觉”的。

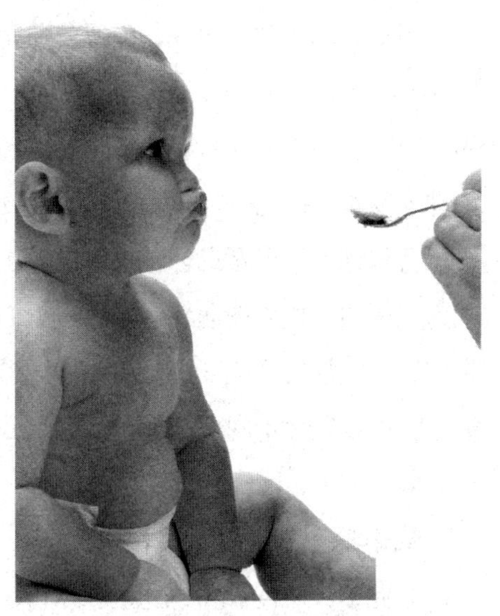

↑一个九个月大的婴儿表现出不高兴，并拒绝食物。对大脑皮质活动的测量结果显示，积极情感（如快乐）与左脑有关，而消极情感（如不高兴）与右脑有关。

达玛西欧观察了那些不能运用身体标记的人。他发现，这些人都遭受了大脑的损害——前额皮质和其他大脑区域之间的联系损坏了。在大多数病例中，这种损害都是由于脑瘤外科手术造成的。在实验测试中，这些人并没有显示出智力或信息处理功能遭到损害的迹象。相反，根据标准化的测试，一些人还非常聪明。但是，他们不能做出职业决定或维持人际关系，因为他们在做出简单的决定上存在着严重的困难。

达玛西欧将身体标记定义为“次要情感”的特殊情况。次要情感是习得的情感。动物一旦开始形成事物之间、其他个体之间和环境之间的系统联系，这种情感就产生了。另一方面是主要情感，即先天的情感。如果你在过去有一种关于比萨的不愉快经验，当你在菜单上看到比萨时，你会经验一种不愉快的内在感觉。根据达玛西欧的观点，感觉离开了身体就不能存在。情感情绪因你身体上的变化而出现，当关于它们的信息达到大脑皮质时，你就体验到了这些变化。与记忆和分析有关的大脑部分（前额皮质）必须与产生情感情绪的大脑其他部分（内脏大脑，尤其是杏仁核）相沟通。如果大脑的这两部分间的沟通中断了，那么当你做决定时，你就会失去感觉好坏的生理能力。

根据达玛西欧的研究，前额皮质是某种决策中心，它自己能够做出高度理性的决定，但如需要运用身体标记，则需要与内脏大脑沟通。这是有可能的，因为它接收来自所有感觉皮质区域和体觉皮质的信息。前额皮质也从诸如神经传递素核、杏仁核和下丘脑接收调整的信息。

身体标记不仅帮助你从菜单中做出决定，也在生活的很多方面引导你的行为。例如，如果你遇到的某人告诉你在一片森林里有熊出没，你能够感觉到你的胃短暂的痉挛，那是因为你知道熊是和害怕联系在一起的。身体标记能够防止你继续走向那个地方。如果因为某些原因你不能体验到痉挛，你可能会继续前进，而在你计算可能性时，你可能已经成为熊的午餐了。

**脑半球**

对完整大脑的脑半球进行 EEG 测量，结果显示左大脑皮质主要负责处理语言任务与分析信息的任务。当人们执行空间任务（听音乐）以及执行那些要求处理整体的和直觉的信息的任务时，右大脑皮质更加活跃。一些研究者相信，这意味着左脑是“理性的”，而右脑是“感性的”。

“右脑假设”假定右脑支配情感表达和感知。有关这个假设的证据是相互矛盾的。一些研究发现，右脑在对情感刺激的感知上具有优势，这表明右脑的确支配着情感的感知。但在情感的表达和体验方面是怎样的呢？由中风引起的瘫痪患者的研究显示，这些患者的左脑遭到损害，右脑则没有受到影响，与右脑受损的患者相比，他们对环境表现出的情感反应看上去比右脑受损的患者更强烈，这表明右脑在表达情感反应中的确更为重要。

“效价假设”假定右脑支配消极情感，左脑支配积极情感。20 世纪 90 年代，理查德·戴维森和他的同事发现了这个假设的证据：消极情感（如沮丧和焦虑）的表达和体验表示右前额皮质和更深处大脑结构（如杏仁核）高度活跃，而积极情感则伴随着左前额皮质的相对活跃。

# 第四章

# 社会心理学

## 第一节

## 人：社会性动物

社会心理学是关于个体与社会的研究。社会心理学家从两个方向进行研究：由内到外，由外到内。也就是说，他们既探索产生个体社会行为的原因和机制（由内到外），也探索共同的社会经验对个体行为的影响（从外到内）。

我们与其他人一起工作、一起学习、一起生活，无论走到哪里都会与其他人相遇。当然，我们对一些人的了解比对另一些人更多一些。家庭成员、亲密朋友和同伴是我们最为了解的，与他们相处时，我们特别在意他们的不同个性。其他人，比如那些经常在单位或学校相遇的人，我们也熟悉，但是，我们与他们的关系更加正式：我们与这些人的互动更受社会期待的影响，而不是他们的不同个性。一般说来，每天与我们相遇的大多是陌生人，我们与他们之间的互动几乎完全由结构化的社会规则所决定——这些社会规则准确地告诉我们该如何行动。

↑当她们拿起电话时，这两个女孩就开始了社会互动。她们说什么和感受如何，不仅仅由她们的个性决定，还取决于群体动力（即对方所说与所感）和社会情境本身。社会心理学家研究的就是个体、社会行为和社会之间的交叉关系。

社会互动包括所有人与人之间的交流或相遇。一些社会互动简简单单、显而易见，比如，在车里与擦肩而过的朋友挥手示意，在公交车上买票。而另一些社会互动则相对复杂，比如为了完成一项计划，我们与学习伙伴或者工作伙伴进行亲密协作，或者为得到最新消息而给朋友打电话。还有一些社会互动（比如父母与儿女之间或者夫妻之间的交流）非常复杂，即使我们穷尽一辈子进行研究，也难以揭开这些交流的所有层面，及其所隐含的意义。

## 什么是社会心理学？

诸如社会互动和社会行为之类，都是社会心理学家需要解释的。为了解释这些社会互动和社会行为，他们研究个体如何及为什么思考和感知社会和他人，个体在一定的社会情境下如何及为何思考、感知和行动。然而，社会心理学家要考虑的不仅仅是个体，因为文化和社会对个体也有很大的影响。因此，社会心理学家也考虑社会和社会情境如何影响个体。

### 社会学与个体心理学

社会心理学与社会学和个体心理学紧密相关。社会学也研究社会，但是，与社会心理学不同的是，社会学并不关注个体的行动与思维。从事社会学和社会心理学研究工作的人也会研究相似主题，比如暴力犯罪，但是他们的研究方法不同。例如，社会学家也许要比较不同社会群体之间的犯罪率，社会心理学家则关注导致这些特殊的犯罪分子实施暴力犯罪的原因。

社会心理学以个体心理学（人们如何自我思考和感知）为基础，但是从社会角度来考虑这些问题。社会心理学中的一个重要的研究领域就是人们怎样建构他们的社会认同，也就是关于他们在社会关系中如何自我思考和感知，以及社会和其他人如何影响这些自我思考和感知。

## 与他人的关系

社会心理学家热衷于研究人们之间的关系，这些关系将对我们如何进行社会互动产生影响。即使是一个简单的社会互动，比如与朋友挥手，也会由于两人关系的存在而变得复杂起来，并影响两个人如何理解这次挥手的意义。

**关系维度** 各个关系都有多种维度。根据人们经历事情的不同，关系也会发生改变，例如，他们之间的关系是否能长期维持，他们是否总是关注相似的事情，他们是否拥有能够互补的性格。1987 年，生物学家罗伯特·欣德把影响关系的维度总结为八个方面（见下表）。每个维度都涉及人们在关系中怎样考虑对方和他们之间的关系、他们在关系中如何行动等问题的某个侧面。社会心理学家在他们的研究中以不同的方式使用了欣德总结的八个维度。例如，一些社会心理学家主要关注一个或两个维度，比如承诺或质量，然后从各种不同的关系中收集这方面的数据并进行比较分析。而其他研究者

**欣德关系维度**

| | |
|---|---|
| 内容 | 活跃的共同参与者的类型 |
| 差异 | 活跃的共同参与者的数量和范围 |
| 质量 | 参与者如何进行互动——比如父母是否对婴儿的姿势很敏感 |
| 模式化 / 相对频率 | 不同互动类型有不同模式，比如他们是否特别慈爱或者特别好斗 |
| 互惠 / 互补 | 每个参与者将要分享或变更行动的程度（互惠）；或者他们是否为了完成一个共同目标而扮演各具个性的不同角色（互补） |
| 亲密 | 人们互相卷入的程度显示了他们自身的不同侧面 |
| 相互理解 | 每个参与者如何看待和理解其他人 |
| 承诺 | 每个人对可能关系的持续态度，以及对他们和其他人所承诺的关系的信仰 |

则使用几个或所有维度，用以详细探索一类或两类关系。

**看待他人** 任何关系（无论多么亲密）最重要的都是人们如何看待和感知对方。我们不断地处理社会信息，同时在假定我们了解他人的基础上建立我们对他们的态度。一些社会心理学家，比如阿希（1907 ~ 1996），做了大量研究工作来确定人们如何形成对他人的印象。当我们遇见一些人，我们会受到他们的外表和行为方式的影响，会受别人如何对待他们和他们如何对待别人的影响。我们经常做出建立在这类主观基础上的错误假定，这一过程是至关重要的，也被一些人认为是普通的。这也是社会互动的一个元素。

澳大利亚心理学家海德把这个彼此间的信息处理称为“常识心理学”，因为人们像科学家一样，试图把可观察的东西（比如行为和外表）结合到那些观察不到的特征（比如和善、贫穷或残忍）里面去。他认为，特定文化中的社会成员对行为拥有某种共享的基本假定，这保证了人们在与他人交往中能够对他人做出相对准确的判断。

## 与社会的关系

社会心理学家也研究群体行为对个体的影响。他们惊异地发现，个体的行为总是受到他人的左右。

**与他人进行交流** 每次相遇，无论谈话与否，我们都在与他人交流。即使另一个人背对着你站着，你们也是针对一些东西在进行交流，比如没兴趣或愤怒。对交流中的语言和非语言表达形式的研究，是社会心理学的核心。对语言获取和语言处理能力的介绍，在本书的其他一些地方还会出现。

**先天与后天** 许多心理学家和一些社会学家曾经讨论过这样一个问题，即我们的行为在多大程度上是由基因（即本性）来决定的，又在多大程度上是由我们的成长环境（即教养）来决定的。这个讨论随着近些年来基因科学（有关生物遗传的科学）研究的进步而更加激烈。我们知道，儿童从很小的时候起就已经是社会性的，但是，这是否意味着他们天生就具有交际能力呢？对于这个问题，我们不可能获得一个绝对肯定的答案，但是，社会心理学家仍然孜孜不倦地探索我们的行为到底在多大程度上是习得的，又在多大程度上是内在的（与生俱来的）、由我们的基因决定的。对于大多数案例，任何回答都可能是复杂的，都要涉及大量基因的作用，也包含着环境对个体的作用。

## 社会心理学的历史

社会心理学通常被认为是心理学领域里的后来者，但是，它的渊源可追溯到心理学创始人冯特那里。冯特以其第一本心理学教科书《物理心理学原理》的出版，以及位于德国莱比锡的第一个实验心理学实验室的创立而闻名。但是，很少有人知道，在 1900 ~ 1920 年间，他写了十本社会心理学著述，这些书被他称为“民俗心理学”。在这些著述中，冯特讨论了这样一些话题：语言与思维之间的关系、社会与文化形塑认知（信息处理）和精神生活的方式。

冯特认为心理学与个体和社会心理学之间相互补充。他认为，个体知识，即生理和认知过程，是重要的，但是理解社会影响和社会情境对人类经验的影响和形塑的方式同样重要。冯特认为，有必要对这两个领域分别进行研究，他觉得对它们进行研究需要不同的知识形式和不同的研究方法。冯特的社会心理学著述在今天并非广为人知，但是，对于像美国哲学家 G. 米德和俄国心理学家 L. 维果茨基这样的社会研究者的研究工作，却具有极其重要的影响。

### 心理感染

对社会心理学发展具有影响的其他因素还有暗示和催眠。虽然人们经常认为这些因素只不过是卧室里的把戏，但是，它们与人们如何理解他人有着密切的联系。例如，为了催眠，一个人在一种特殊的环境中与催眠师进行互动。催眠和暗示在一定程度上首次引起人们兴趣，是从安东·麦斯麦 19 世纪六七十年代所做工作（这对弗洛伊德无意识理论的发展具有影响）中开始的。

自 18 世纪 60 年代起至 19 世纪，社会在工业化进程中快速变迁。随着农村人口大量迁往城市寻找工作，城市规模快速扩大，人口数量也逐渐增多，同时，社会骚乱似乎也在逐渐增加——人们由于工资低廉、缺衣少食和权利受限而发生暴乱。虽然在工业化时代来临之前社会抗争就出现过，但是随着人们不断涌往城市，抗争好像更加明显且不断扩展。一些社会理论家采用大众催眠和社会影响等概念，试图解释这个显而易见的非理性大众暴乱行为。1908 年，勒庞总结了一个观点，并把它建立在"心理感染"的概念之上。这个观点认为，社会骚乱可以像传染病一样扩散，其扩散和传染机制就是社会暗示和大众催眠。

## 两种方法

20 世纪伊始，社会心理学出现了两种主要研究方法。社会心理学家对这两种方法都很重视。

**由内向外**　社会心理学家们首先从个体立场出发来观察人们的社会行为(从内向外)。威廉·麦独孤是这个学派的主要倡导者之一，他在 1908 年发表了《社会心理学绪论》。麦独孤强调社会行为的本能原因，认为人天生就有一种内在的倾向——对特殊刺激进行注意和做出反应，以达到目标。

**由外向内**　在那个时代，研究社会心理学的第二种方法就是关注建构个体发展的社会环境的作用。1908 年，罗斯发表了《社会心理学》，进一步扩展了这一方法。在他的著作中，首次解释了社会学理论，并分析了人与社会之间的联系。

## 美国社会心理学

1924 年，随着奥尔波特那具有影响力的《社会心理学》的发表，上述两种方法之间的平衡被打破，奥尔波特在书中确切无疑地把社会心理学定义为有关个体的研究。

这一个体研究模式关注个体行为，它的许多方面直到今天仍然被广为应用。研究人员经常利用实验室方法分析原因和其他影响因素，同时通过观察人们的日常生活加以补充分析，从而探索不同类型社会行为的发生机制。他们试图通过理解社会力量是如何对个体发生作用的来找到理解社会生活的关键，因为社会生活毫无疑问是个体与他人进行互动的结果。

当时，社会心理学的一个关键概念是态度。态度是人们对社会世界的各个方面（通常以“日常感觉”，而不必以精确的心理学为基础）所做出的评价。很明显，不同的人对他人和社会事件所做出的评价方式有所差异，有时，这些差异在不同文化或不同族群之间并行不悖。

美国社会心理学家对引导仇外主义（不喜欢外国人）和种族主义潮流起到了尤为重要的作用。例如，戈达德使用带有文化偏见的 IQ 测试判断出大量美国移民种族低劣，并因此开始对那些具有“精神缺陷”的人施行大规模驱逐出境和强迫绝育。戈达德认为“弱智”不应该生育，但是，他的理论是建立在证据错误和不足的基础上的，甚至通过改变照片来说明“低能”特征。

20 世纪 30 年代，其他社会心理学家开始关注偏见，并蔚然成风。他们主要探索个体的态度尤其是他们共同持有的态度是怎样形成的。研究人员后来创造出几种测量这些态度的技术工具，其中包括里克特量表和语意差异法，这两种工具直到今天仍在使用。

**抵制心理** 虽然多数社会心理学家后来主要采取个体方法（也就是从内向外的方法），但是，他们也并没有忽视社会情境对个体的影响（也就是从外向内的方法）。冯特在美国具有和在欧洲一样广泛的影响，其中深受冯特思想影响的一个最为重要的美国研究人员就是 G. 米德。虽然身为哲学家，米德却关注社会行动的根源，他在著作《心灵、自我与社会》（1934）中构建了社会心理学原理，并详细阐述了“社会性自我”这个概念。

**格式塔心理学** 从 20 世纪 30 年代起，由于德国纳粹开始猖獗并大肆迫害犹太人，一些欧洲格式塔心理学家迁往美国。格式塔心理学家把个体视为整体的部分，这个整体还包括社会环境。他们中的许多人对社会心理学感兴趣，他们从格式塔心理学的角度出发，试图解释人们在社会群体中或者与社会群体进行互动时，影响社会行为和社会效应的途径到底是什么。

勒温是最具影响力的心理学家之一，他提出了一种叫作场论的方法。

他的理论突出地分析了社会情境中的关系网络是如何形塑社会群体和社会行为的。

勒温有许多追随者，在他的研究的影响下，后来的人们集中于研究从众以及群体和社会信仰的影响。其中，穆扎费、C. 谢利夫、利昂·费斯廷格、弗里茨·海德都深受勒温研究方法的影响。他们通过研究群体动力、群体信仰，以及人们如何理解周围事物，对社会心理学产生了很大影响。

**社会认知**

自 20 世纪 60 年代起，心理学在总体上走出了主要以观察人们如何行动为主的行为主义，朝认知方法迈进，开始主要关注人们如何处理信息。在社会心理学中，人们对社会认知（人们对环境的理解和阐释如何影响他们的社会行为）的研究兴趣的逐渐增加反映了这个转向。对社会心理学家而言，这是一个新纪元，他们首次从研究个体观点（即研究人们如何对发生的事情做出解释和给出理由）转向他们理解社会世界的方式如何影响他们的社会行为。

在对态度进行研究的时候，美国的研究人员就已经从多方面开始研究社会认知了。一些人探索了社会认知的各个方面，比如刻板印象和偏见；另一些人则研究说服和广告发展业中的各种因素。当认知心理学在 20 世纪七八十年代变得越来越有影响力时，它的人类心理模型就像计算机一样，也开始影响美国的社会心理学家，并且，研究人员开始探索社会影响作为一种加工社会信息的方法，是如何对态度和其他思维方式产生影响的。

**当代社会心理学**

当代社会心理学结合了美国和欧洲两种传统社会心理学。社会心理学家探索产生社会行为的个体原因和机制（从内向外的方法），同时，他们也探索共同社会经验所具有的影响，比如文化和社会认同（从外向内的方法）。当然，现在仍然有一些社会心理学家坚持一种研究方法，但总体上说，大多数社会心理学家把两种方法结合在一起，从而丰富了对社会心理学的理解。

# 社会性自我

社会心理学中所有方法的核心是社会认同概念。社会认同是指一个人对他是谁进行的自我定义，包括个体特征（比如自我概念）和共同特征，比如社会性别、与他人的关系（例如兄弟、姐妹和母亲）、职业（例如学生、建筑工人和收税员）以及种族或宗教群体。个人自我概念是人们自我信仰的有机体，这些信仰部分扎根于个体与他人之间的关系。

## 自我概念的历史

自我概念最早出现于17世纪哲学家的著述中，他们确定了心理学本身的根基。每个哲学家都对人是什么进行深入思考。法国哲学家笛卡尔清楚地区分了人类心理和“低级”动物本性，我们现在把这个区别称为笛卡尔二元主义。英国哲学家洛克强调学习和经验的重要性。他认为，婴儿出生时只是一张白纸，因此，他的心理发展是由教育和文化中获得的经验造就的。

↑白雪王后对镜自顾。她虽然地位显赫，但是与常人一样，关注他人对她的感觉。库利认为，像傲慢、窘迫和自卫性愤怒等情绪都是想象的结果，是我们想象他人对我们所做出的判断。

**重要他者**　1890年，美国心理学创始人威廉·詹姆士清楚地讨论“自我”这个概念。他认为，人具有客观地观察自我的能力，以及发展自我感知和自我态度的能力。詹姆士认为“自我”具有三个方面：物质我、精神我和社会我，“自我”包含着人们在与他人的联系中所获得的自我感知。人们不断地在自我和其他人之间进行比较，詹姆士称这些其他人为“重要他者”：那些在某些方面对一个人具有重要意义的人，包括亲人和朋友，甚或包括特别喜爱的老师。詹姆士认为，个体以这些参照对象建构他们喜欢的理念，发展出所谓的自我概念。

**镜中我** 在20世纪早期，许多心理学家沿袭了詹姆士的自我概念思想，并进行了进一步发展。1902年，库利验明了从其他人那里获得的反馈过程，其他人是社会比较中的重要因素。库利把自我概念描述为照镜子，反映了个体所获得的他们在他人眼中的形象：如果其他人认为我们富有魅力或非常智慧，那么我们更有可能从他人评价我们的那些方面来认识自己。

**内化** 美国社会心理学家米德详细探讨了库利的思想。米德全盘接受库利的理论，在1934年，他强调了在个人自我概念发展过程中内化的重要意义。米德不是简单地观察他人如何反作用于个体，以及他们如何据此行动，而是认为人们会把其他人的行为作为一种信息资源，并把它内化为原则和标准，然后，他们用这些内化了的标准评价自己。

虽然自我概念仍然来自社会经验，但是，对米德来说，社会经验比与他人的互动和对他人的判断要宽泛许多。它包括社会规范和文化模式，以及个人的价值观。

**角色扮演** 1959年，戈夫曼把自我概念定义为个人在社会中所扮演的各种不同角色所形成的角色丛，或者说是任何个体所适应了的各种社会角色。人们扮演许多社会角色，每个角色都要求个人做出适合该角色的行动。这些要求包括普遍的社会期待，以及角色扮演中的个体的期待。例如，无论人们何时担当一个新角色，他们最初都会感受到他们在扮演一个陌生的角色。但是，当人们对新角色越来越熟悉时，角色和角色期待都得以内化，仅仅成为自我概念的某一部分。戈夫曼把自我概念当作各种社会角色的总和——有点像多面骰子，自我概念依据不同的环境和个体扮演的不同角色展露不同的面相。

**普遍性自我概念和特殊角色自我概念** 研究人员发现人们既有普遍性自我概念，又有特殊角色自我概念。1994年，美国心理学家罗伯兹和多纳休请一些妇女描述她们拥有的不同社会角色（比如妻子、朋友、母亲、姐妹、女儿）。他们发现，妇女们在描述一个角色中的自己与描述另一个角色中的自己时有所区别。由此，他们得出结论，人们拥有特殊角色自我概念，根据个体所在人际关系中的位置不同而有不同。此外，妇女们的特殊角色自我概念又非常相似，充分说明了她们还拥有一个普遍性自我概念。

## 自我表象和自尊

自我概念包括两部分：自我表象和自尊。自我表象是实在部分，由描述和直接信息组成，比如人们的研究主题或人们从事的工作、生活地点、头发颜色等。自尊是指值得人们去进行自我判断的所有方面。它包括内化了的社会判断和理想，这些判断和理想关涉到从事某事的人们如何优秀，或者他们的性格特征是积极还是消极。

### 自尊

自尊是自我概念的一个重要组成部分，它与积极的社会经验和精神健康紧密相连。人们与谁建立关系以及他们如何建立关系，都受到个人自尊的影响。例如，一个人要是消极地评价自己（即他的自尊心比较差），那么，他就会经常在那些永远难以挥去的消极态度中行动：分辨出那些同样消极地对待他的伙伴、在那些引起消极反应的方式下行动，以及观察他人对自己的反应，这种观察到的反应比实际情况更消极。

### 社会比较

个人自尊跟人们在自己与他人之间做出的社会比较有关联。对那些自尊心较差者来说情况尤其如此。人们通过比较自己与他人来做出自我评价。因此，如果你感到一些人在某些方面比你优越，那么，这可能会降低你的自尊心。相反，如果你感到你自己在某些方面比他人优越，那么，这可能会提高你的自尊心。但是，事情并不是如此简单。社会比较对自尊的影响很大程度上取决于与你进行比较的对象是谁。设想你遇见了一个没有你聪明、迷人、机智的人（下行比较）。如果这是个陌生人，遇见他使你对自我品质感觉更优越，因此，社会比较对你的自尊形成的效果可能是积极的。如果这个人是你最好的朋友或是你的母亲，那么，比较带来的效果很可能是消极的：你把你自己与一些相同的消极品质结合起来。

上行比较同样复杂。如果你正在看电视里的运动员，你可能认为“那个赛跑选手跑得比我快许多”。但是，由于那个人对你来说是完全陌生的，因此，对你的自尊并没有什么影响。然而，如果你恰好把自己与你接近的人进行比较，比如你的同学，那么，这会给你造成消极影响——你可能认为“我跑不过我的朋友，我在运动方面毫无长处”。这肯定会给你的自尊带来消极影响。但是，如果你与一些亲近的人进行上行比较，比如你的兄弟或你最要好的朋友，你可能会感到他们的技术使你更加优异，因此你的自尊会得到提升——这种效果可描述为“享受他人的敬重”。

总之，社会比较（无论是下行还是上行）如果是带来积极情绪的，则提高自尊；如果是带来消极情绪的，则降低自尊。同时，无论比较带来消极还是积极情绪，都要依据你所比较的对象。

**养育方式与自尊**

库珀·史密斯发现自尊程度与人们经历的养育风格有关。那些具有高自尊的人的父母都非常严格，他们对自己的儿女做出明确的限定并且提出严格的标准，同时也对儿女非常关注、与儿女讨论问题。我们注意到，那些自尊心差的孩子的父母对儿女少有兴趣，期望值也偏低，他们甚至不知道他们孩子的朋友叫什么名字。

1961年，罗杰斯勾勒出自尊的形成过程，概述了人们在童年时期如何把社会准则或价值环境内化的方式。自尊的形成是父母期待和日常互动的结果。对大多数人而言，父母期待是现实主义的，他们拥有正常的自尊。但对另一些人来说，由于父母传达的价值条件并不是现实主义的，这就意味着儿女永远不可能实践这些价值。罗杰斯认为，大多数儿童的父母疼爱儿女，但并不关注他们做什么或怎么做，罗杰斯称这为无条件积极关注。但是，一些小孩的父母仅仅对他们出色的表现表示亲昵，罗杰斯称这为有条件积极关注。这些小孩长大后会认为只有出色的人才有人喜爱，这将导致他们形成持续的挫败感，使他们的自尊水平长期低下。

罗杰斯认为如果人能够得到无条件关注，随着心理的成熟，他们的潜能在他人的鼓励下得到开发，那么，低下的自尊是可以恢复正常的。为此，罗杰斯在这些原则的基础上发展了一个成功的“来访者中心疗法”系统。

## 自我效能信念

人们对一些事情非常擅长，对此他们自己也非常清楚。但是，在生活中的其他领域里，他们的自尊感会很差，并为此苦恼不已。1997 年，心理学家班杜拉认为，自我效能信念是影响人们看待自我的最重要的特征之一。它是有关竞争能力，或者有关人们能够完成的那些事情的信念。这些信念，即使不是全部，也是部分地以人们过去所从事过的事业为基础。当人们决定应对挑战时，这些信念具有非常重要的作用。

班杜拉把影响自我效能信念的心理过程分成四个阶段。这些信念影响认知过程，因为它们影响人们认为自己能做什么的判断。它们影响动机，因为人们在准备做某事时，估计需要花费的时间以及需要付出的努力程度，都直接依据他们是否相信自己有能力完成自己的目标。如果人们感到他们已经卷入他们难以应付的情景中时，自我效能信念可能产生压抑感或焦虑感。此外，它们影响行动选择过程和决定过程，因为人们通常从事他们感到能够实施的任务或活动。班杜拉认为，如果人们的自我效能信念比他们的成就稍微高一点可能

↑在一个人是否试图做这样一件英勇事迹的过程中，自我效能信念是一个重要的因素。这个男人一定相信他能够攀登那块陡峭的岩石，不管这个任务多么具有挑战性，他都相信自己能够开始并且完成这次攀登。

是件好事情，因为，他们更有可能付出额外的努力来应对新的挑战，这就意味着他们的能力将得到进一步发挥。因此，在有些情况下，过度自信也是件好事。

## 社会群体

社会群体与聚会的朋友并不相同，虽然后者是前者的一个特例。根据社会心理学家的观点，社会群体由两个或两个以上进行互动的人员所组成，他们有共同目标、稳定关系，同时在某些方面又彼此独立——也就是说，一个人的行为将对其他人有影响。最为重要的是，社会群体的成员必须认为自己是群体的一部分。社会群体在这些要求上面所体现的程度有所不同。一些社会群体比另一些短暂得多（例如夏令营），但是，在所有案例中，最主要的特征是群体成员认为自己属于那个群体。我们可以举出许多社会群体的例子，比如运动团队、剧组、同事、同学和学校。今天，社会群体甚至可以是虚拟的，不需要身体接触，比如网络新闻组。根据自己正在进行互动的社会群体不同，人们可能拥有多个社会认同。

1979 年，亨瑞·塔吉菲尔与 J. 特纳以他们的社会认同理论，从不同的角度观察人们如何看待自己。他们认为，人们通过作为基本单位的社会群体来形成他们所处社会世界的意义，同时，也正是群体中一员的身份影响了他们如何看待自己。社会在很大程度上由人们所属的各种不同群体组合而成，这些群体在它们的关系强度、地位和影响方面存在差异，在功能和关系领域也存在差异。

根据塔吉菲尔的观点，社会群体是形成人类思维的重要组成部分，因为人们对他们的经验拥有很强的分门别类的倾向。人们对自己进行归类，也对他人进行归类。因此，不仅社会群体影响个体与他人之间的关系，而且他们感觉自己所属的那个社会群体也是形成他们自我概念的一部分。

## 社会群体的组成原因

人们组成社会群体的原因有很多：为满足从他人那里获得照顾和情感的需要，为找到归宿的感觉，为获得知识或特别的信息（比如参加一个夜校），有时也为了安全，因为在一个群体中会更有安全感。

人们组成群体也许是因为作为一个社会群体成员有助于个人社会认同。正如塔吉菲尔所指出的那样，人们所属的社会群体既影响个人自尊，也影响自我概念。

**“我们”和“他们”**

人们倾向于按照“我们”和“他们”的关系来看世界。依据人们所处环境的不同，组成“我们”的对象有明显差异。大多数人同时属于几个内群体（我们），这些群体基本上是个体归属的所有社会群体。

然而，人们有时候并不认同他们所属的那个社会群体。相反，他们试图远离群体中的其他成员，认为自己“不像其他人”。或者，他们试图脱离某个群体而加入另一个群体。根据塔吉菲尔和特纳的观点，如果一个群体能够给人们提供某种积极的自尊资源，人们才会认同他们的群体；否则，人们就可能脱离这个群体，或者与它保持距离。

人们有时候对自己是否属于某个社会群体毫无选择。例如，你要改变性别并不容易，要改变你的种族则几乎不可能。在这些情况下，确保群体成员积极反映他们的自我表象，需要十分特别的方法。有时，人们通过与他们的群体地位相近或者更低的其他群体进行比较来获得积极自我表象，同时避免与那些社会地位较高的社会群体作比较。另一个选择就是改变群体的感知地位。美国种族主义战斗中的一个主要突破口就是20世纪60年代的“黑就是美”运动。这给许多人的生活带来了巨大的变化，因为，它把“黑色”重新定义为一种积极体验，替代了美国文化先前所包含的“白色”统治潮流这一消极表象。这一运动的代表（比如安吉拉·大卫和马尔科姆十世）广泛地发布信息，让人们认同“黑就是美”运动，使他们为自己所属的社会类别感到骄傲。

## 自我的文化概念

最近几年，一些社会心理学家对有关自我的本质观念提出挑战。传统的自我概念假设“自我”是个独立实体，与社会环境相分离。但是，现在有许多社会心理学家认为，独立自我的构想只是个神话，因为，人是嵌入社会和社会群体中的，其程度远比研究人员所认识到的更为牢固。这是西方心理学家从世界各地汲取不同文化养分之后得出的共同结论。

1985 年，马塞拉、狄维士和弗朗西斯・舒发现，绝大部分人并没有简单地认同西方的独立自我概念。其他研究人员证明了这一发现，例如，巴拉提在 1985 年分析了印度文化为什么强调我性而不是社会，同时分析了为何它的我性概念与西方的自我概念有所区别。一个最核心的印度概念就是内在我或“真”我观——灵魂——与神的同一性紧密联系，只有通过中介和自律才能形成。每个人都拥有一个最内在的自我，但是，人们必须学会如何实现它。印度自我概念还有其他部分，比如人们在与他人互动时所利用的意识部分，以及只可意会不可言传的思想和想象部分，印度人称之为“不可表达的意识”。

根据狄维士的观点，日本的自我观尤其关注个人对他人的影响。日本人对人际关系罪行和社会耻辱非常敏感，同时，群体归属和共享群体认同有助于他们逃脱痛苦的自觉性，自觉性与分散的个体存在相联系。结果，个人思想被秘密地保留着，唯恐它们破坏了社会平衡。同时，相对西方文化而言，认同感更加深深地扎根于社会关系和适当的社会行为当中。

然而，西方人嵌入社会环境的程度比他们实际上所意识到的要深得多：家庭、宗教群体、朋友群体和其他社会网络的各个方面，这些对人们如何看待他们自己尤其重要。此外，尽管假设人是独立整体，但许多研究自我概念的心理学研究者仍强调他人的重要性。

## 多层化方法

世界各地看待自我概念的方式千差万别，这恰恰证明了人们在实现理想的独立我时为何遇到挑战，以及如何应对挑战。弗朗西斯·舒打算用一个模型来说明人们所处的社会环境模型从外部世界直到个人自我分为多个不同层次。

弗朗西斯·舒认为，他模型中的第五层面（私密性社会与文化）具有很强的力量。它代表了人们感到依恋程度最强的那部分外部世界，民族主义、家庭荣誉和其他强有力的动机统统来源于这一层。弗朗西斯·舒的模型从另外一个角度给出了一个人们认识自我的有意义的方法，并对西方受社会影响的、传统的独立我概念提出了挑战。

## 研究方法

人的行为非常复杂，他们对正在实施的行为赋予什么意义也更加复杂。和其他心理学家一样，社会心理学家不得不使用能够适应复杂世界的技术，按照系统科学的方法来开展研究。

### 研究简史

最初，冯特的民俗心理学研究文化故事和神话、符号象征、仪式和许多社会生活的其他方面，研究个体与群体之间的社会互动。它们构成早期社会心理学的学科话题，人们通过文档、直接观察和账单来研究这些话题。

随着20世纪的远去，理解社会生活的文化研究方法被人类学、社会学和语言学等新学科所采纳，而社会心理学家们主要关注个体。主要的研究方法是个体经验分析。标准化操作就是通过双面镜或电影来系统地观察人们的行为。

**行为主义者传统** 行为主义者传统强调普遍趋势、规律和定量（测量）。社会心理学家采用的研究方法（比如实验和观察）必须提供大量数据来说明人们的适当大小的群体。这些定量研究方法提供的数据能够对描述普遍趋势提供统计分析——一种叫作常规研究的方法。通过收集典型数据，或获取大多数人在一个给定环境下所做的事，研究人员认为可以说明社会行为的普遍规律。

**生态效度** 虽然社会行为具有多层面性和复杂性，但是，人们能够调整他们的行为以适应既定环境。因此，社会心理学家也试图从更加现实的角度收集数据。这就意味着要在现实世界进行实验。比如，20 世纪 80 年代，帕利文和他的同事让人在纽约地铁中假装病倒，观察谁会给予帮助，以此来研究助人行为。他们发现，人们的反应受在场的其他人的数量影响。在大人群中，人们更少感到有义务提供帮助。在现实生活环境中对行为进行研究，强化了成果的所谓生态效度，使它们比现实世界更加真实。现在，人们认为研究人员是研究过程中的活跃成分。

**观察** 有时，社会心理学家通过观察人们的行为来获得系统而一致的统计数据，但是，这并不简单。研究人员经常不得不使用一些方法来控制环境，比如，建立实验室以便对人们的行动进行秘密观察和记录。

由于人们的目的在于描述根本性社会行为的普遍规律，统计显得非常重要，甚至有些研究人员认为被观察对象的真正意义正在失去。

**社会认知** 强调普遍规律的社会心理学研究一直持续到 20 世纪 80 年代。许多社会心理学家对社会意义和社会认知（理解和解释影响社会行为的方法）开始感兴趣。人们认为发生了什么通常比事实发生了什么更重要，因为，人们做出反应的根据是他们所认为发生了的事情，而不是事实上发生了什么。

这导致人们需要使用新的定性研究方法来收集资料，比如与人们进行深度访谈，以了解他们的感受和情感。要求对研究对象做日志，或记录每件事或每个人。

今天，社会心理学使用定量和定性两种方法。定量资料通过数据处理，例如，算出人们归属群体的平均数量，人们何时加入社会群体，他们在一个群体中一般能待多长时间等。定性方法解释为什么人们加入那些社会群体，群体又是如何影响其成员的生活的，以及个体是如何了解其他成员的。

**个别方法** 社会心理学家还对引起个体与众不同的原因感兴趣，其程度甚至超过研究个体行为，这导致人们使用个别而不是普遍的方法。这种方法关注个性，其目的在于深刻地理解个体。该方法用于对个人或少数人进行个案研究和深度访谈。个别研究能揭示社会认知过程（人们对他们的社会经验的思考和感受）。

**对话分析**　一些社会心理学家会运用新型研究方法，比如对话分析方法，来研究现实世界。在这种研究方法中，语言使用具有社会目的，包括对话中的隐喻、想象和隐含意义的分析。对话分析能够揭示社会环境中的各种富有意义的方面，而不只是实验室中的现象。

### 伦理与责任

20 世纪 60 年代，研究人员假设他们在获取知识的方面具有适当使用任何操作、策略和诡计的权利。心理学家当场欺骗那些对研究主题一无所知的研究对象。这种失控的系统酝酿了几个极端实验。著名的例子有：20 世纪 30 年代的明尼苏达饥饿研究——研究成年人在几个星期的食物短缺中所受到的影响（结果导致研究对象体重减少到危险水平）；20 世纪 60 年代的伊恩·奥斯瓦德研究——研究睡眠剥夺的功能性伤害（促使当地的 DJ 为破纪录，而导致无法恢复的持久性大脑损伤）；斯坦利·米尔格伦那戏剧性的顺从研究，结果激起了一场有关心理学研究的道德问题大辩论，最终导致伦理导向的出现。

## 第二节
## 人际关系

通常，我们对其他人的反应更多的是对我们自己人格的反映，而更少的是对他人的客观估计。许多人际关系研究表明，我们对新认识的人的印象，甚至是对老朋友的判断，都受我们稳定态度的影响，而不完全是冷静地客观检验的结果。

心理学家通常认为，人是社会动物，在与他人的互动中度过一生。然而，直到现在，心理学家才开始研究我们如何处理社会信息。这些研究人员

↑当我们与他人相遇时，我们将立刻形成对他人的印象，并做出各种判断，比如他们属于哪种类型的人，将来是否可以相处等。社会心理学家研究我们如何做出这些判断以及如何利用社会线索做出这些判断。

研究隐含的认知过程，在这个过程中，我们酝酿出我们的社会世界的意义——他们认为，认知过程就是介于任何社会信息输入及我们做出反应之间的介质。这些过程决定了我们对社会信息的选择、解释、组织、记忆和反应——这个研究领域就叫社会认知。

在本节中，我们将详细讨论我们如何形成对他人的第一印象，我们如何解释他人的行为，以及我们如何影响他人的对我们的印象。随后，我们将从这些早期社会互动走进更为亲密的关系研究，这种亲密关系是在我们喜欢或爱恋那些特别的人的基础上形成的。同时还要研究这些关系的形成、维持和破裂如何成为我们生活的核心。

## 形成印象

当我们第一次与他人相遇，我们将立刻形成对他人的印象——这个倾向在人类进化史中起着非常重要的作用。形成这些印象对我们来说是十分快速而且轻而易举的，同时，我们的判断将导致和影响将来可能发展的任何关系。虽然我们可以从许多各种各样的渠道获取信息，但是，我们形成这些第一印象往往基于非常少量的事实。有关人们的人格、喜好等，我们几乎不可能从他们那些显而易见的行为或外表中知晓；但是，我们仍然倾向于相信它有。例如，如果我们听说朱利娅在当地一个失狗待领处做志愿劳动，除了她的工作场所之外，这并没有直接告诉我们其他任何关于她的信息。但是，从这个信息片断，我们也许会推断出有关她的其他各种各样的事情，比如，她是位爱狗之人，她是位善良和关心他人的人。如果我们不那么仁慈，也许会怀疑她用对动物的喜爱掩饰她与他人建立人际关系的恐惧。我们的假设也许并不总是那么准确，但是，这仍然是我们对朱利娅的印象。

对我们如何形成关于其他人的印象，我们很容易做出一般性解释，但是，心理学家在应用科学原理来处理丰富的人类社会互动的复杂性时，会遇到更大的困难。这个领域的第一位开拓者是阿希（1907 ~ 1996），他做了大量研究来确定人们是如何形成印象的。与许多研究人员不同，他把以往那些分裂的研究方法结合起来，比如实验和本质主义观察、本性与教育，以及行为主义与心理分析等。他认为人们既是复杂的又是可研究的，既是独立的又是处于社会中的。

阿希认为，当人们第一次与他人相遇时，并没有保留关于新认识的人的那些分离的信息碎片，而是把历史资料作为整体来处理。阿希认为，人们在处理这一行为的过程中使用了内隐人格论，凭借他们已经拥有的信息做出解释和推论。内隐人格论是人们对不同特质间关联性的预期——哪些特质倾向于结合在一起，而另一些则不行。例如，人们会认为网球俱乐部的人身强力壮、活泼直爽，而慈善团体中的人则态度温和、和善友好。当然，这些推论也许并不正确——他们仅仅是按惯例贴标签，这样做使得将人们区分开来更加容易。它们对社会交流来说通常是很有必要的。

大多数人认识到这类假设远远超出了那些有用事实（许多体育俱乐部包含纯粹的社会成员，而一些慈善活动者也可能是贪婪和小气的）。但是，最近的研究显示，虽然人们完全能够记住这些条件，但他们通常需要某种动机来激发自己的关注。在日常事务中，凭经验的方法通常比严格的批判性思维更容易、更方便。

**动机**

一些研究人员认为，不管是阿希还是安德森在解释印象形成时都不是完全正确的。与此同时，他们提出了动机性策略家模型，它假设人们既依靠信息的隐含假设，又依靠信息的明确内容。人们依靠信息的隐含假设还是明确内容的程度取决于他们的动机如何，以及他们是否拥有可以利用的认知资源。你可能从自己的经历中已经发现，你一次可以做的事情是有限的。原因至少有一部分是：与其他任何人一样，你拥有非常有限的认知资源——你能够处理的信息并且能对其起作用的意识能力或智力能力。你着手处理和应对的任务越是不同，对这些认知资源所要求的就越多，因此，你常常要依靠以前的知识，因为你没有多少认知资源可以分让出来。

当人们要对其他人形成特别准确的印象时，那么，他们会更加努力地利用对自己有用的实际信息，而不是依赖那些先入为主的人格概念。1984 年，R. 埃尔贝和苏珊·菲斯克的一项针对 102 位大学本科生所做的研究说明了这个原理。他们让学生以合作者的身份去从事不同任务，并把这些合作者分为“熟练者”或“非熟练者”两类，还对那些成功完成某些任务的参与者给予奖励。然后，他们把那些合作者的更多信息告诉这些学生，这些信息既有与他们先前被告知的相一致的，也有不一致的。他们发现，当赢得奖励依靠团队协作时，学生更注意不一致信息，而且与没有任何危险时相比，他们会更加细心地处理这些信息。因此，赢得奖励的期望促使学生付出更多的认知资源，以便处理与他们最初印象不同的信息。

**首因效应**

与不根据现实推断人们的错误性格一样，上述模型仍然有一个潜在错误，即它可能偏离我们的印象形成方式。例如，阿希发现，认识某人时的第一次信息比后来所获信息对形成印象具有更强的效应——这个倾向被称为首因效应。

阿希通过试验力证了首因效应，他把试验参与者分为两组，给第一组参与者提供一个写有性格的清单，清单以“智慧”开始，以“嫉妒”结束；给第二组参与者也提供清单，词语都相同，但顺序相反。他发现，那些接到以“智慧”开头的清单的参与者与那些接到以“嫉妒”开头的清单的参与者相比，对其所描述的那个人形成了更为积极的印象。他由此作出结论，最早获取的信息给人们后来所获取的资料涂上了色彩。因此，如果我们了解他人的第一件事情是积极的，我们更倾向于以积极的眼光看待随后的信息，并形成协调一致的完整印象。

虽然这也许就是人们的典型做法，但是，怀疑者仍然认为人们事实上能够做出更好的判断。后来，心理学家安德森确认了这一点，他发现如果参与者被迫平等地留意所有给出的性格特征，那么，首因效应将会消失。

↑阿希是人类社会互动研究领域的一位开拓者，他进行了大量有影响力的研究来确定人们如何形成对其他人的印象。

## 突出特征

突出特征也对我们形成完整的他人印象起重要作用。一个突出特征或行为就是其所在环境之中能够引起注意的特征或行为，比如一个社会群体中的那些特殊的人进行的反社会行为。积极行为也可能是突出的，比如，当一个人看到其他人经过慈善捐助箱时并没有捐助，那么他也没把钱塞进箱子。身体特征有助于我们对个人年龄、种族、性别和身高形成印象，它在一些环境中也是突出的。

虽然人类对美的概念随时间而发生着变化，且不同文化有所不同，但是，身体特征一直与大量积极特质相联系。研究显示，我们期望相貌好的人比相貌丑陋的人更加风趣、温和、出众及老练。甚至有证据显示，我们通常会认为漂亮的学生是好学生。1975 年，心理学家玛格丽特·克里夫德把一些小孩的照片和成绩单展示给美国一所小学的一些老师，并让他们判断每个小孩可能的智力和学习潜力。她发现，与那些长得不讨人喜欢的小孩相比，长得可爱的小孩更容易被认为可能更具学习潜力和智力——即使她的研究证明，在漂亮和实际的学校表现之间并不存在这种联系。

与长相漂亮具有相关性的期望也对职业有影响，该影响对男人有利，而对女人不利。在一次研究中，参与者被分为四组，要求根据照片评价一个虚构的公司决策人。研究人员给第一组一张相貌迷人的男人照片，给第二组一张相貌丑陋的男人照片，给第三组一张相貌迷人的女人照片，给第四组一张相貌丑陋的女人照片。他们发现，参与者评价结果认为相貌迷人的男性决策人比相貌丑陋的男性决策人更有能力。但是，对女性，情况则正好相反：那些拿到相貌迷人的女性决策者照片的参与者似乎相信，她可能是由于外表而非能力赢得成功。

美丽不是唯一能够激起有关人格的特别期望或印象的身体属性，其他的表面特征的某种模式也可能具有这种效应。20 世纪 80 年代中期，戴安·百丽和 L. 麦克阿瑟的研究发现，那些眉骨高、眼睛大而圆及下巴小，长有一张娃娃脸的成年男人一贯被认为具有积极人格。他们发现，美国和朝鲜来的参与者认为娃娃脸的男人与那些外表特征更加成熟的男人相比，更诚实、友善、开朗、谦恭和温和。

**刻板印象**

阿希和安德森都发现，固有的人格理论也许在一定程度上是社会共享的。也就是说，任何一个特定团体中的大多数成员，都会从关于一个人的已知事实中做出相似的推断。这种理论可以看作刻板印象的基础：对一个社会群体的人格特征所形成的共同信条（或社会地图）。

当群体成员显而易见（性别或种族划分）或与众不同（残疾或太高）时，我们经常根据刻板形成印象——如果要忽视或改变一向具有的刻板信息，除非我们受到足够的驱动或拥有可以这样做的认知资源，否则不可能。刻板会导致我们纯粹以某人是其所在群体的成员这一基础出发，而对其他人做出错误假设。换句话说，刻板会使我们在形成印象的过程中产生偏见。

## 归因理论

我们已经在一定程度上了解到我们如何处理那些与我们相遇的人的社会信息，以及我们如何确定他们喜欢什么。但是，在与他人发生关系的过程中，还有其他一些东西对我们自己或其他人的社会行为进行解释。例如，你发现在一次考试中你做得很糟，而你最好的朋友做得很好。那么，你如何看待这件事呢？解释行为原因就要用到著名的归因理论。

已经有几个不同理论用来解释如何进行因果归因的现象。1958 年，出生在奥地利的美国心理学家海德，第一次提出了归因理论。海德把人们看作“无知的科学家”，他们试图把观察到的行为与一种特殊的原因类型联系起来。海德把潜在的因果关系分为内在的（由于个人）或外在的（由于情境或环境）。

20 世纪 60 年代产生了两个或更多个复杂的归因理论。1965 年，琼斯和戴维斯提出了相应推断理论（CIT）。CIT 与海德的理论不同，后者没有结合意图概念。CIT 认为，人们首先观察一个行为，推断其背后的意图，然后把行为和意图与个人的特征或人格联系起来。在这种方法中，他们用内在特征与推断意图概念来解释社会行为。但是，这个理论在解释无目的行为时失效了，比如笨拙。

1967 年，美国心理学家凯利提出了共变理论。他认为，当人们只了解个人行为的一个事例时，他们会依靠已有知识对其做出解释。但是，当人们所知道的个人行为不只是一个事例时，他们寻找着潜在原因中的模式，当行为出现的时候这些原因才会出现。他们会在潜在原因中找出模式，这在行为发生当场就会发生，而当行为缺场时则不会发生。当这种行为不存在的时候，就不会发生。换句话说，他们搜集了关于行为及其潜在原因的共变信息。凯利把原因分为三类：实施行动的个人（行动者）、行为所指向的人或物（刺激），以及行为发生的情境（背景）。当行动者出现时，人们认为这三类原因造成的行为是最常见的。

**一致性偏见**

研究发现，仅仅就印象形成来说，人们犯有大量一致性错误，他们在解释社会行为的原因时受到一致性偏见的影响。这些偏见之一就是人们所说的基本归因错误（FAE）。FAE 是指人们在对行为实施者的性格或意向进行判断时，倾向于低估环境的作用。例如，人们倾向于认为某人申请失业救济，是因为他懒得找工作（性格倾向），而不认为是因为他真的没能找到工作（环境）。

这种低估环境重要性的倾向只有当我们观察他人行为，又没有设身处地地思考时才可能出现。这就是所谓的行动者－观察者偏见。当我们是观察者时，我们把行为归因于性格倾向；但当我们是行动者时，我们把行为归因于环境。例如，如果有人打碎了杯子，我们倾向于认为是因为那人笨手笨脚；但是，如果打碎杯子的是我们自己，那么我们会认为是因为杯子太滑。

我们对社会行为的解释还部分地由我们的动机或渴望决定。对自我服务归因偏见的研究发现，我们倾向于拒绝承担我们的错误责任，却愿意将功劳归因于我们的成功。

## 印象管理

我们对如何形成对他人的印象已经做了非常深入的探讨，不过，这与我们互动的人对我们的印象的形成方式实际上是类同的。到目前为止，我们已经细细地回想过了我们如何形成对其他人的印象。但是，与我们互相作用互相影响的人们，也正好以相同的方式形成关于我们的印象。因此，社会观察是个双向过程，在这个过程中，我们既观察又被观察。社会学家戈夫曼把社会互动比作剧场表演，在表演中，演员“戴着假面具”。实际上，很难想到一个社会环境，在那里我们没有试图（有意或无意）影响人们对我们的态度。戈夫曼把这称为印象管理——一个与自我表演紧密相关的概念。

根据社会背景（环境），出于不同的目的，我们总是试图积极地营造特殊的自我印象，尤其是当我们试图给别人留下一个积极印象时更是如此。比如第一次约会、就业面试或者比赛试演，在这种情境下，你会努力表现自己，体现出那些你认为观众会给予重视的品质。例如，对约见的老板，你可能注重那些能反映你可信赖、非常守时方面的表现；对约见的试演陪审员，你可能集中关注自己的表演技巧。

对我们已经认识的人，我们努力管理印象，目的在于维持或改变我们自认为已经给他们留下了的印象。当我们面对那些认为我们的行为幼稚或无知的人时，我们可能会做出额外的努力来展示我们的成熟和老练。我们也有可能选择顺从，默认他人对我们的印象，即使我们认为它并不准确。同样，我们的行为方式、服饰打扮、发型以及谈话的方式，都可能是用来告诉其他人我们属于某个社会群体，或者我们认同某个社会群体的。

印象管理使我们能够对其他人看待我们的方式施与一些控制。但是，我们并不能完全控制我们所创造的印象。戈夫曼指出，我们的许多“社会表演”是连接在一起生产出来的。也就是说，在社会互动中，我们对他人的印象与我们给他人的印象一定程度上是由互动本身所创造的——无论哪方当事人都不可能完全创造出自己的印象。在互动之前，其他人一遇见我们时就立刻形成对我们的印象，这一初始印象会影响他们随后对我们的反应。1977 年，施奈德、丹柯和艾伦研究了一个复杂学生群体中社会互动角

↑当人们希望从社会互动中获得一个积极结果时，他们就会努力表现自己，展现出其他人所重视的品质。例如，在一次芭蕾舞预演中，人们可能努力按照复杂的指令来证明他们的准确、雅致和能力。

色的印象管理。他们发现，某学生对女学生外表的印象影响了谈话中他与她之间的互动，反过来，也影响了她对他做出反应。这个效应是自验预言的一个例子——当一个人对另一个人的最初期待导致第二个人按照确认或支持这些期待的方式行动时，就发生了自验预言。

## 人际关系

与他人之间的互动是我们日常生活中的核心部分，同时，我们对人际关系的偏见是个永恒的现象。社会心理学家将个体与他人之间的关系分为两种类型：社会互动可以在那些先前很少或几乎没有接触过的人们之间发生，而关系则是在两个或更多个体之间发生的持久交往。长期关系是以人们之间重复互动为基础的，人们之间形成的关系类型要依据他们之间发生的互动类型来确定。

与其他人互动时，我们需要适当的社会技巧，这些社会技巧会随着环境的变化而变化，随着文化的不同而不同。例如，我们大多数人会根据谈话的对象来确定对相同语言使用不同表达形式——我们选择不同的“专用语言”来与我们的孩子交流，在这种情况下，我们是在采取一种长者的姿态来组织谈话。我们的行为也是易变的。在朋友生日聚会与参加葬礼时，我们的行动差异通常很大，但是，这些行为也是要依据环境确定的。例如，在意大利天主教葬礼和巴厘岛的印度教葬礼中，人们的行为方式非常不同：天主教哀悼死者的辞世，而巴厘岛人则把葬礼当作灵魂超脱的一次庆祝。人们的社会群体成员资格也对他们的行为有重要影响，而这种影响也根据文化的不同而改变。

## 社会规范和能力

孩子能学习到什么样的社会行为是与他们自己的文化相适应的，这个过程被叫作社会化，心理学家称之为“社会规范”。然而，这些社会技巧在与其他文化中的人们进行交往时，也许并不适合，这也是跨文化关系形成的一个严重障碍。因此社会化是个持续的过程，在成年后也将继续进行。同时，社会化也在变化和改进，这样人们才能应付新文化和外来文化。成年人也不得不学习新技术，接受新信息，以便能够认识和理解自己的社会规范与他们希望联系的那些人的社会规范之间的差异。

研究人员大都认为人们要与他人建立关系，需要社会能力，也就是在一个社会环境中为达到预期效果而解释社会规范的能力。虽然一个人的预期效果也许对其他人来说不总是积极的，他应该理解适用于某类社会环境的社会规范，但是，人们通常利用他们的社会能力与他人积极联系，不管是维持既存关系还是发展新关系。

米歇尔·阿盖尔建议说，大多数人在社会环境中通过检查他们的行为如何被接受，以及在对方的反应中改变他们的行动，而不断地修改自己的行为。换句话说，社会互动是一个在互动者之间不断调整的过程。互动者根据他们的社会经验和社会理解的变化，而收集不同的信息。社会行动者将导致其他人在一定情境中以一定方式做出反应。同时，帮助人们对其他人的语言使用、脸部表情、注视、身体语言和语调等形成概念。人们使用的身体语言依靠他们与其他人之间的关系种类来定，它有时比任何语言所传递的信息都强。然而，就像我们已经看到的那样，尽管人们具有经验和知识，但是，他们仍然喜欢做出没有被证明是否正确的假设，这是因为，人们在感知和解释其他人的行为时通常存在偏见。这是非常重要的，即人们在交流形式下理解所有的文化差异，从而降低被误解的风险。例如，当某种面部表情被普遍使用或理解时，非语言交流就开始了。

## 其他社会技术

社会能力也要求人们具备各种其他要素，比如自信、移情、社会智力、解决问题的能力和“回报”。回报是指一些人倾向报答另一些人，包括赞扬、帮助、保护或忠告，或者给予鼓励或表示同情。研究发现，那些做出回报行为的人更受人喜爱，更能成功地影响其他人，从而确保了报答者处在一定情境或关系之中。

自信的人能控制社会情境，而不用采取那些可能破坏社会关系的攻击性行为。移情者重视别人所要达到的目标并且关心别人的感受。那些表示移情的人通常会避免他们关系的破坏，在与人合作中更能成功。具有社会智力的人善于理解社会情境。对社会情境的性质和规则有了了解后，他们更愿意通过有效的谈判来解决问题。米歇尔·阿盖尔把这种社会技术称为智力，因为这要求人们应用他们的社会知识。人们做这些事情是自动完成的，是常识的产物。就像那些技术娴熟的驾驶员不用思考车轮的每次转向一样，人们不用意识到他们所做的所有细小事情，也能够成功地与他人建立关系。

## 自然选择

进化心理学家认为，人们的主要倾向和行为是在遗传上安排好了的，因为它们在一定程度上有利于我们作为一个物种的生存。与他人建立关系也许对这些倾向是个最明显的好处：婴儿没有成人的照顾就没法生存，同样，有些人紧紧地依附照顾者，保持与他们之间的关系，直到他们能够自我生存为止，这样，他们更有可能存活下来，长大成年。人们因此拥有一个驱动力，去寻求教养和支持性的关系，就像为人所知的依靠，许多人认为，它起源于婴儿缺少母亲做依靠。

与异性之间的关系也可能在人的进化过程中给人类繁衍带来好处。即使是其他生物驱动力（比如食物和安全的需要）也对与他人建立关系具有贡献，因为，协作起来完成任务会更容易。因此，很有可能我们拥有一种内在的欲望，在我们的亲密关系中寻找安全与合作，以及组建家庭，如此，我们能给我们的小孩提供更多安全。

## 亲密关系

研究动机的心理学家把亲密关系（与他人建立关系）看作个人权利的一项重要需求，他们想知道人们在经历这种需要时是否存在程度上的差异。

1987 年，戴维·麦克利兰的研究表明，寻求亲密关系倾向性很强的人与那些这种特质表现不明显的人相比，更少以自我为中心，并且更加温和、仁慈和容易协作。

## 社会比较

就如何理解人们与其他人建立关系的方式，哥伦比亚大学的斯坎特教授做出了非常重要的贡献。在他的著作《亲密关系社会心理学》（1959）中，斯坎特提出，当成年人发现自己在一个让他们感到焦虑或害怕的新环境中时，将更可能表现出依赖和寻求亲密关系。他发现那些知道他们将接受电击的志愿者们更愿意等待与其他人一起参与，而不是一个人独自坐在那儿。换句话说，志愿者寻找那些正在经受相同困难的人。如果这样的伙伴还没有找到，那么，他们更愿意选择独自等待。这意味着志愿者在寻求其他伙伴时，不纯粹是在转移他们的恐惧心理。更进一步说，由于没有哪个参与者曾经彼此认识，所以，他们显然没有在更亲密的关系的基础上选择他们的同伴。对这个行为的最可能的解释就是：当人们对一个情境不确定时，他们倾向于看到其他人面对相同的问题，从而引导他们自己的行为、观念，甚至情感。社会心理学家认为这个测量我们行为的过程，是依靠其他人帮助我们决定如何对社会比较做出反应。

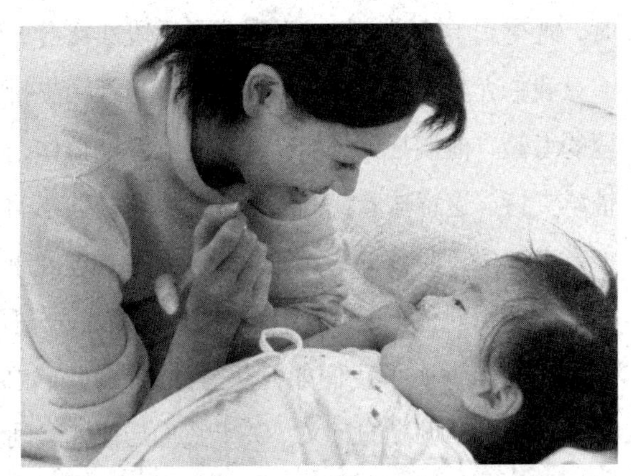

↑一些心理学家认为，人们渴望与其他人形成亲密的关系，这源自于他们从小对自己母亲的依赖。这种渴望在一些人中看起来比其他人要强烈得多，一些研究者已经尝试着去解释这一矛盾和差异的各种原因。

## 社会支持

斯坎特的发现意味着我们不仅仅是在寻求合作伙伴，让他们提供身体安全和保护（依靠）；我们还寻求手段和情感上的放心。手段支持可以从熟悉当下环境的人那里获得，它提供实践帮助，对如何应付提出建议。情感支持包括同情、聆听、理解、移情和鼓励。虽然斯坎特实验中的主体只是在寻求暂时的伙伴，但是，他们是在与那些共享他们经验的其他人做出社会比较，并因此理解他们的感受。当他们彼此间了解到如何最好地应付当前可怕情境时，既得到了情感支持，又得到了手段性社会支持。

我们尤其倾向于在长期关系中评价社会支持。如果人们正在经历特别问题的考验，他们甚至可能结合成一个互助群体，彼此间相互提供手段支持和情感支持。这意味着我们与那些能够苦乐共享的人之间的亲密关系不仅给我们带来快乐，而且带来好处。对关系和心理健康感兴趣的心理学家证实，那些能够获得对他们有用的社会支持的人更少沮丧，且处于压力下痛苦更轻。他们还重点说明了我们如何获得社会比较，如何分享彼此之间的经验、情感，以及关于世界的意义，关于我们与他们之间关系的意义。爱荷华大学人际沟通研究的教授史蒂文·达克指出，处于一个关系中，就意味着人们把注意力集中于努力理解其他人如何思考生活事件和经验。

**自尊**

对自我概念和认同进行研究的学者已经证实，我们的自尊与我们同其他人之间的亲密关系的程度和类型紧密相关。虽然我们需要朋友，但我们也需要感受与其他人之间存在的差异。这意味着在与他人建立关系的过程中，我们不得不在满足我们的亲密关系需要（形成关系并成为群体的部分）与保持足够的差异以便拥有自我认同之间做出选择。另一方面，人们经常加入某个社会群体，因为，归属感给他们提供了一个积极的社会认同。如果他们感到加入一个群体使他们被与他们有关系的人尊重和羡慕，那么，归属这个群体会使他们自我感觉良好。

**孤独与排斥**

现在许多研究人员有测试亲密关系的需求，即人们对亲密关系的渴望。麦克利兰最早提出的亲密关系的主要内容是指人们逃避被拒绝、批判、冲突和孤立的需要。绝大多数人需要并十分重视自我时间和空间，即使他们知道亲密关系对自己是有用的。这个平衡非常重要。孤独会导致沮丧；而任何种类的社会排斥，即使它仅仅在一个独立的情境下，也是非常不爽的经历。

1997 年，威廉斯和索默在澳大利亚新南威尔士大学进行了一次实验，阐明了社会排斥的效应。他们把参与者安排在一个休息室，与其他两组主试事先安排的合谋者在一起。参与者认为，其他学生是志愿参与这个实验的。在等待时，三组人在房间里面彼此传球。但是，几分钟后，两组合谋者不给参与者那组传球，把参与者排斥在游戏之外。这种情境被拍成了录像带，从录像带中可以明显发现，对不知情的参与者来说，社会排斥经历是非常不舒服的，尽管那只是与陌生人之间的一次传球游戏。他们明显地表现窘迫和羞赧，并试图找些其他事情来做。甚至那些观看录像的人们在介绍时也感到非常不舒服，即使事情并没有对他们个人产生什么影响。因此，逃避孤独、寂寞或排斥可能是人们寻求亲密关系的一个主要原因。

英国拉夫堡大学克拉默博士对亲密关系研究进行过广泛的评论。他认为，那些拥有支持性关系的人比那些不拥有者相比，不仅心理压抑少，而且寿命更长。虽然克拉默承认，人们没有足够的长期研究（通过对相同参与者在一段时期内反复收集数据来进行研究）来证明这种因果联系是否确凿，但是，有证据表明，良好的关系有益于健康和长寿。一个可选择的解释就是那些身心健康的人比那些并不健康的人更可能建立起亲密关系。但是，并没有证据支持健康快乐与成功之间的关联。当然，很可能两种解释都可在某种更宽泛的意义上使用。

### 群体对行为的影响

亲密关系需求会影响人们在群体中的行为。斯坎特在他 1951 年的著名实验中指出，一致性的群体压力产生于任何群体规范的差异和用来惩罚那些违背群体命令的人的手段。他的研究还显示，刺激或诱惑屏蔽了群体压力——那些改变自我观念以迎合大多数的持不同意见者，他们的错误方式也许会得到原谅。斯坎特还认为，人们对情境的解释深受他们当时所遇到的观点的影响。物理空间距离和情感距离同样是决定人们与谁交往的重要因素，例如，大学一年级学生通常因为同时入校而住在一起，这样他们就更可能表达相同的观点，而与住在校园另一处的二年级学生可能具有不一致的看法。

**自我成就需求**

另一个影响人们对亲密关系的需求和他们在社会群体中的行为的因素，就是他们对自我成就的需求。对这个影响因素，麦克利兰和他的同事在哈佛大学研究了 20 多年，得出的结论是，自我成就需求是人们的一个很明显的行为动机，只不过有些人表现得很强烈，另外一些人则表现得更平缓。

成就动机能够在群体中被边缘化，也能够在群体中得到评估。麦克利兰通过一个实验对它的特征进行说明。实验参与者被要求投掷圆环并尽量套在木桩上，距离远近可以由他们自己确定。大多数参与者试图随机投掷，一会儿近，一会儿远，获得较好的成绩看来好像是他们小心翼翼地选择投掷距离的一个标准。他们选择最有可能获得最好成绩的地方投掷，这个地方既不能太近（以至于轻而易举地完成任务），也不能太远（以至于任务无法完成），他们通常选择那些投掷有点困难却能够完成任务的地方。

麦克利兰认为，那些有竞争力的人，只要知道自己的行为能够影响结果，就会积极投入到活动中去。他们更喜欢解决问题，而不是等待机遇的到来。与此不同，那些缺乏竞争力的人对风险的态度更倾向于极端，他们要么喜欢疯狂地赌一把，要么使他们的失败最小化。

此外，有竞争力的人更关心胜利本身，而不是成功所带来的酬偿。在解决问题或赢得比赛的过程中，他们的满足感更为强烈，而不是在竞争结果给他们带来的任何奖励上面，即使他们得到的奖励就是用来评价他们表现的一种方式，以及以他们的进步与别人作比较的一种手段。虽然奖励对许多人来说不太重要，但是，有抱负的人倾向于为他们的良好表现寻求回报。他们对个人品质的评价并不感兴趣，比如善于合作、乐于助人，他们只是想在较量中显示自己的能力，而不是需求的满足。这类人通常在销售领域从事工作，或者自己经营公司。

麦克利兰发现，成就导向者大概在 6 ~ 8 岁之间时，他们的父母就希望他们开始在一些方面独立自主，在没有别人的帮助下做出选择及处理事情，比如在家里自己照顾自己，能够找到去邻居家的路等。与此相反，另外一些父母要么过早地希望自己的孩子能够独立自主，要么扼杀了孩子的童年，限制了孩子的个性发展。这是两个极端，第一个极端导致孩子感到自己在家里是个累赘，而离开它又感到无能为力，这滋生了孩子的消极态度和挫折感，另一个极端是要么过分溺爱孩子，要么过分严格要求孩子，使得孩子越来越依赖父母，一旦离开父母或要独立决策时就感到不知所措。

**赫兹伯格联系**

麦克利兰的观点与弗雷德里克·赫兹伯格及其助手于 1991 年提出的动机—保健理论有关。他们都研究是什么使得人们在工作时高兴或不高兴，并且确认了两组使雇员满意的因素。第一组叫作内部因素或激励因素，包括被信任放手工作、获得经理的信任、获准没有监视地工作、被赋予责任和获得提升。第二组因素叫作外在的或维持的因素，包括工作的地方、工资、管理和公司总的政策。赫兹伯格发现，虽然不足的外部因素（那些与工作环境相关的）确实导致了一些不快，但它并没有提供长期的激励机制和使工作满意的方法。研究发现，对管理人员来说，和他们的员工建立一个良好的工作关系至关重要。

## 发展关系

心理学家过去一直认为新生婴儿没有社会技巧，对他们而言，最初与社会的互动只是来自看护者单方面的努力而已。然而到了 20 世纪 70 年代，发展心理学家和社会心理学家开始研究母婴之间的交流录像。他们发现，即使出生只有几天的婴儿也不可思议地具有良好的社会互动能力。如此看来，婴儿出生后不久，就会积极地和看护者建立起关系。

现在我们了解到了婴儿甚至在出生之前就已经开始建立他们的第一个关系了。早在妊娠阶段，胎儿就开始学习母亲的发音特点，与有着熟悉的、区别于其他任何女性声音的母亲建立亲密的关系——一个仅仅是在出生后几小

↑我们是如何与他人产生友谊的？是我们受到了共同拥有的人生观和相同兴趣的影响吗？或者是一些更为随心所欲的因素成了更加重要的因素，比如身体空间上的近距离？对那些住在一起的人（比如一起参加夏令营的那些孩子们）进行的研究表明，一次又一次相遇的机会，在友谊的产生和形成过程中是一个主要的因素。

时就表现出来的明显趋势。

婴儿也会和其他的照看者建立关系，包括父亲、祖父母和其他年长的兄弟姐妹，虽然照看者也许与孩子并没有亲属关系。大部分当代研究者认为，对一个婴儿的心理上的幸福来说，与一个或更多的直接照看者（不管他们是谁）建立积极的、稳定的、安全的和紧密的关系是极其重要的。

### 不同种类的关系

在我们的人生过程中，我们会建立各种各样的关系，最先是和我们的父母、兄弟姐妹以及其他家庭成员或者照看自己的人建立关系，继而是和朋友及同学建立关系。之后我们又因工作和休闲的原因而认识了一些人，建立了亲密的朋友关系和亲密浪漫的性关系。米勒和多利斯指出，不同的关系满足不同的需要，起着不同的作用，因此它们是不可替代的。可见并不是整个社会联系的数量，而是其质量和变化起着重要作用。如此一来，我们的整个社会需要就得到了满足。

所有的关系都要根植于人们一定程度上的相互吸引，亲密的关系主要建立在吸引、爱好和爱上。但是，这些感情是如何发展的？虽然团队间的成员关系会在一定程度上对人们选择朋友产生影响，然而重要的因素却是接近而不是吸引力或社会和谐。

**接近效应**

1950年，利昂·费斯汀格和他的同事研究了大学宿舍里同学之间的友谊趋势。他们发现住在邻近宿舍的学生更能成为朋友，由此他们得出结论：接近带来重复遇见的机会，进一步增加了亲密度和吸引力。社会心理学家谢里夫在20世纪60年代发展了这一理论，在一个一群十多岁的男孩参加的夏令营中，他进行了一个野外实验。实验结果表明，甚至连建立已久的朋友关系都会受到亲近和组员身份的影响。当先前已经建立友谊的男孩们被派往不同的小组时，他们往往用新的组员关系取代以前建立的朋友关系。到夏令营结束时，绝大多数友谊是建立在同组的孩子之间的。谢里夫的研究表明，属于一定的社会集团能对友谊的发展和维持产生极大的影响，而这并不取决于集团的基础重要与否。然而，他的结论并不是决定性的，因为所有的男孩都来自一个相同的社会背景：如果他们的价值观、兴趣爱好、态度和信仰各不相同，结果则极有可能完全不同。

马森在2001年的一项研究表明，甚至连人们建立友谊的数量也会受到接近的影响。他在英国伦敦大学一所校园的一年级学生中间开展了实地研究，研究发现，住在大厅里的学生比住在小间里的学生更容易相互熟悉。到第一年的末尾，这些学生都建立了非常紧密的友谊。

**维持关系**

一旦吸引和联系建立，关系就会得到发展，这一切的发生，部分取决于关系各方的社会能力，就像我们所知道的，知恩图报的人往往更加受欢迎。朋友间相互报答的程度将影响他们友谊的发展程度。

研究同时表明，维持关系以关注他人需要为特征——不仅仅是个人获得的回报。不过，当人们觉得获得了自己应有的那一份时，他们会非常满意，牢记自己的贡献，这是一个叫作平衡理论的趋向。同样的理论表明，人们获得的比想象的要多时，还是不会满意。

1987年，加利福尼亚大学的鲁克证明了平等和互惠对友谊的重要性。她发现，如果老年妇女认为在她们的友谊中总是过分受益或者总是受益不足，她们就会感到孤独。然而在与她们的孩子的关系中，平等却不如她们的满意重要。这一点验证了早先得出的结论：不同类型的关系有不同的功能。

另一个在维持关系中有影响的因素似乎是人们尊重“关系规则”的程度。大部分这样的规则都是不成文的，有很多甚至是不明确的，但人们对所处的关系总有一些基本的期望。不同的规则适用于不同的关系，比如朋友、恋人、同事的关系中就存在着不同的规则。

### 社会体系

一些社会心理学家提供了一个替代的观点，这个观点关于关系及其影响个人的方式。基于心理学家鲍文于20世纪70年代提出的观点，这些研究者强调说，心理学家不应该只局限于研究个体及其行为，也必须牢记每个个体都是某个社会体系的组成部分，例如家庭、工作群体或者体育队。他们认为在这样的社会体系中，成员资格决定着个人行为。

作为一个体系，家庭对其成员具有尤为重要的影响。一些研究人员断言，青少年的行为不可能被真正地解释，除非将其放在更广的背景下考虑，即整个家庭是如何起作用的。家庭成员和其他亲密团体里的成员都是相互紧密依赖和经常互相影响的。一个成员人生的变化将不可避免地给该体系其他成员带来变化。

### 冲突和关系破裂

大量的心理学调查显示，当某个系统里的一个或更多成员破坏不成文的规定时，关系往往会破裂。在朋友关系里，引起吵架的最重要的原因包括：和别人公开谈论应该保密的事情、不能容忍其他朋友和关系、不能在被需要时自愿伸出援助之手等。

在婚姻中，除了坚持特定的规则如彼此忠诚、表达爱情、感情上的支持以及性关系外，朋友关系的规则也需要获得尊重。1985 年，阿盖尔和亨德森曾经指出："在整个社会关系中，离婚是最尖锐的问题。"这一论断在今天看来依然适用。虽然离婚是最令人痛苦和受伤的人生大事之一，但是大部分人依然会选择结婚。研究表明，相对其他任何社会关系而言，结婚令人们更加满意和健康。阿盖尔和亨德森同时还建议，如果人们能更好地意识到那些规则，意识到冲突和争论无论是在婚姻里还是在社会关系里都是再平常不过的事，许多离婚往往是可以避免的。

## 第三节
## 社会影响

在社会情境中，大多数人都渴望他人的接纳和友谊，即使在一个陌生的团体中也不例外。这会对我们的思想和行为产生很大的影响，有的社会情境可以潜移默化地影响我们的态度和行为方式，而另一些情境则可以使我们与其他社会成员发生冲突。

每个人都是社会的一部分，与他人或多或少地存在联系，即使是回避交往的隐士或被别人排斥的人也是如此。大多数人都隶属某个社会团体，同时也影响着周围的人，他们可以是同事、旅伴、权威人士，也可以是街上的陌生人。

### 与他人保持一致

我们大多比较喜欢被别人接纳，也常常乐意改变自己的行为来适应某个团体，哪怕只是一个暂时性的群体。我们通过了解群体的准则与规范来适应这个群体，从而避免被排斥。社会心理学家通过观察发现，被接纳的强烈需要会使我们与群体规则保持一致，特殊情况也不例外。在一项 1936 年发表的从众现象研究中，姆扎弗尔·谢里夫指出，人们可以在很短的时间内融入群体。在谢里夫的实验中，参与者坐在一间黑暗的房间里，被要求说出一个光源移动的距离。事实上，光源根本没有运动，人们自以为看到的移动都是视错觉。实验的经过是：起初，参与者单独在房间里做估计，然后让他们坐到一个小组里，并且大声说出自己先前的估计。谢里夫发现，当参与者各自估计的时候，给出了各种各样的答案，但当他们必须大声说出自己的估计要让别人听见的时候，所估计的光源移动的距离变得比较一致。渐渐地，他们顺从了群体中其他人的说法，即使答案与他们先前给出的大相径庭。

然而，人们会在多大程度上遵从群体中其他成员建立起来的规范呢？他们如果知道这个规范是不对的或者是不道德的，还会遵从吗？在 20 世纪 50 年代，所罗门·阿希做了一些实验。在实验中，参与者被分成几个小组去看一系列卡片。卡片上有几条线。参与者要判断一张卡片上的线条与另一张卡

↑ 在生活中，我们会遇到各种不同的社会情境，周围的人可以在很大程度上影响我们的行为。举个例子，如果你处在下面的海滩风景中，思考一下他人的行为会怎样影响你做出游泳、听音乐，或是去享受日光浴的决定。

片上的哪条线的长短相同。所有的团体成员中除了一个以外全是实验同伙，即实验故意安排了假的被试者，他们一致给出了错误答案。阿希发现，参与者给出同样的错误答案占总回答次数的 35%，而且几乎 75% 的人至少有一次屈服于同伴的压力，即使团体中其他成员的错误很明显。

阿希的研究表明，社会情境可以强有力地影响我们的行为和抉择。其中一个原因是，我们似乎有去适应和被他人接受的内在愿望，进而与大多数人保持意见一致（即使这个意见与自己的相悖）并且修正自己的行为以避免在人群中很突出。

## 顺从

渴望被他人接受的另一个结果是，当被要求做某件事情时，我们通常会选择顺从。例如，当朋友求助时，拒绝尤为困难。甚至要拒绝一个完全陌生的人的请求，也要经过一番思想斗争。顺从是日常生活的一部分：雇主需要雇员的顺从，父母需要子女的顺从，推销员需要顾客的顺从。那么，为何开口说“不”如此困难？正如我们所看到的，其中一个原因是我们有适应社会的内在愿望。我们大多比较喜欢被认为是一个乐意合作而不挑刺的人。当然，还有另一个原因，即做出请求的人经常使用强有力的技巧来使我们很难拒绝他的请求。

1978 年，基于其他研究者的研究，社会心理学家罗伯特·切尔迪尼用三年的时间暗中去研究人们在工作情境中会使用什么样的顺从技巧。他参加各种学习推销产品的培训项目，从吸尘器到百科全书，从房地产到轿车；积极地摆出一副在广告、基金会以及公共关系方面都是专业人士的姿态；还与宗教信徒和政客们对话。经过这些调查之后，他得出了最后的结论（与其他研究者一致）：有五个因素影响着人们的顺从——喜好、互惠、一致、紧缺以及权威。

### 喜好

顺从我们喜欢的人所提出的请求，可能要易于顺从我们不喜欢的人所提出的请求。推销员认识到了这一点，他们利用一大堆的讨好技巧来促使顾客喜欢他们。他们穿着得体，看上去有吸引力，满面笑容以示友好，还找一些与顾客的共同点（比如，他们可能谈及在同一个城市长大），也试图通过奉承或赞美之词来培养好感。讨好确实有效，但它只在人们相信这个人是真心的时候才发挥作用，因为几乎没有什么比虚伪的友善更令人厌恶的了。

**互惠**

切尔迪尼发现我们更愿意答应曾帮助过我们的人的请求。我们经常感到一种强烈的互惠需要，即回报。基于这种现象的一般说服方式是“门面”技术：先提出一个很大的请求，而这个请求是希望被拒绝的，然后提出一个小得多的请求。比如，一个推销员可能请求顾客买一台 3000 元的电脑。如果顾客说这太贵了，推销员就会“与经理商量”降低价格，随后给出一个大幅降低的价格 1500 元。这样一来，顾客认为推销员做出了让步，削减了价格，并最终买下这台电脑，而这台电脑或许只值 1500 元甚至更少。

一个与之有联系的策略是“留一手”。比如，一个推销员可能描述了一个产品的所有特点而且告诉顾客这个产品的价格，但一直等到最后才提供一些实惠，比如“如果你今天买下电脑，我免费赠送你一台打印机”。这让顾客再一次觉得推销员做了让步，并认为应该给予回报。

**一致**

人们希望自己所做出的决定保持一致，这也使得顺从很容易发生。“登门槛”技术就是如此：先提出一个小要求，然后紧接着提出一个大得多的要求。比如，市场调查人员可能说他们的问题只需要花费大约 10 分钟，可一旦进门，经常做起访问来就消磨掉一个小时而未遭反对。为什么呢？因为要求他们离开是与最初选择合作不一致的。

虚报低价技术是类似的操作。推销员可能在开始时先给顾客一个好价钱，在顾客同意买这个产品之后，他就提高价钱，说一些像“我忘了必需的送货费”之类的话。这个时候，顾客已经同意购买，而且即使价格抬高了，还会继续购买。

## 紧缺

还有一个顺从技术基于这样的原则：如果觉得提供的机会不会留太久，人们更愿意答应这个请求。例如：一个推销员想出售电脑，他可能会说类似“我不知道这台电脑会留多久……昨天一对夫妇说他们今天下午会来买”这样的话。在这个例子中，推销员使用的正是“期限将至”技术，这给顾客造成一个印象：如果他们不马上买下来，就可能错过机会。

↑你是否曾被说服去做一项调查？如果是，你是如何信任他的？市场研究员常试图通过穿着得体、笑容满面等所有使你喜欢他们的方法来确保你的合作。

人如果认为提供给自己的是个少有的机会，也很可能顺从这个要求，因为不想错过。例如，推销员使顾客相信某产品在其他店里买不到，就可提高其出售的概率。这叫“来之不易”技术。

## 日常生活中的顺从

切尔迪尼通过研究商务专家建立了上面这几条原则，但这对大多数人都适用。作为社会人，我们不得不时刻提出要求，父母、孩子、妻子、丈夫、雇主、雇员以及教师都需要别人的顺从。例如，父母会使用“门面”技术来说服自己十几岁的孩子在该回家的时候回家。如果母亲想让儿子晚上10点回家并且肯定他会要求在午夜回家，她会告诉儿子要在8点前回来。儿子拒绝的时候，她就表现出妥协说：“好吧，那你就确保在10点到家。”这样，她放宽了最初的限制而使儿子觉得她已做出了让步，就会觉得自己也必须同意，报以同样的让步。

类似地，她儿子也可能使用“登门槛”技术来说服朋友骑车带他去两个商店。他可能先要求带他去一个离得不太远的商店，如果朋友同意了，他就要求再去另一个离第一家商店不太远的商店。就像多数人一样，他的朋友会感到一些压力，要做出一致的决定，结果便是同意第二个要求，因为这与第一个要求相一致。

**权威人物**

切尔迪尼把权威列为第六条原则。各种从众和顺从的研究都揭示出，当同一个权威人物要求服从时，我们试图使自己的想法和行为与其他人相似。

多数人乐意服从权威者的指示，譬如，警官、学校教师和政府官员。制服是这类权威的重要象征。

范德比尔特大学心理学教授雷奥那德·比克曼在1974年对其进行了阐述。在纽约市的街头人行道上，他的研究助手去接近行人，要求行人去拾一个掉在地上的小纸包。当这位助手穿着警服时，几乎每个人都服从了他的要求；但当他穿一身牛奶递送员的制服或一般的平民服装去要求别人时，服从的人要少得多。

在社会心理学中，最著名的研究项目是研究人们的服从。其中很多是针对第二次世界大战期间所发生的事情的研究。

1961 ~ 1962年，斯坦利·米尔格兰姆在耶鲁大学主持了一系列有争议的实验，想看看常人在多大程度上愿意服从权威人物。在一个实验场景中，他邀请一些男生参与一个研究学习与惩罚关系的实验，在实验过程中，他们扮演“老师”，在另一个房间里的一个男生是学员，每次学员回答问题错误的时候要给予其电击。整个研究过程中，老师坐在有一系列开关的电击控制台边，而这些开关假装是执行逐步增加电击痛苦的：装备是真的，但执行电击是假的，学员只是在那表演。

在实验期间，学员给出许多错误回答。每次他犯错，老师都会（研究中的真正被试者）实施电击。在几次电击后，学员开始拒绝实验：“实验者，带我出去！我不要再进行实验了！我决不继续下去！”但他的每次抗议，实验者都视而不见，而且告诉“老师”继续。实验结果令人震惊：63%的老师把电压一直加到了最大值450伏。

这个结果使精神健康专家都感到惊讶。当米尔格兰姆在没有揭示结果前，向精神病学家描述这个实验，他们预计大多数参与者会在不到450伏电压之前停止电击。就连米尔格兰姆也很吃惊，他的志愿者愿意做任何要求他们做的事情。因此他继续尝试，想找出影响如此非同寻常的服从因素。在之后的研究中，他发现如果“老师”可以看见学生、听见他们的声音，会较早地停止实验。这可能是因为他们见到了学生的痛苦。他还发现，如果实验者通过电话指导“老师”，而非与其身处同一房间，他们会更早地停止实验。显然，权威人物离得越近，人们越可能服从。

米尔格兰姆的实验中，最重要的启示之一是，常人在高级权威的影响下有时表现出与他们的判断相反的行为，就像阿希从众实验中的参与者。他们发现抵抗社会情境的压力很困难。虽然这诱使我们认为人们在遵从群体规范或服从权威时缺乏良心，但有一个更好的解释是，他们这样做是因为他们渴望社会的接纳，因而发觉抵触他人的影响很困难。

### 领导

成功的领导需要某种权威，这种权威依赖于很多因素，其中包括人格。在20世纪80年代，心理学家罗伯特·豪斯等人研究了这种强有力的影响因素。这种影响使一种特殊类型的领导者（称为变革型领导者）可以支配他的追随者。他们引用了圣雄甘地和英国首相丘吉尔的例子，来描述他们如何影响大群忠诚随从，激励手下人努力工作并为一个目标自我牺牲。

变革型领导者通过设立清晰可见的目标来激励追随者，通过使目标看起来极为重要而富有深远意义的方式来解释其益处，并且为达到这些目标教导他们的追随者做一些特殊的事情。比如，甘地为印度的独立和统一而战。他让千百万人明确如何受益，从而激励追随者集会游行和抵制某些非印度产品。

变革型领导者具有独特的人格特质。他们通常具有高超的沟通技巧，并能通过这些技巧来激励和教导他人。他们或者发表激动人心的演说，或者写出感人肺腑的信件，来鼓励追随者朝目标奋进。他们具有高度的自信，相信靠自己的能力可以取得成功，这种信心也鼓舞着其他人信任他。

然而，变革型领导者并非都鼓励他们的追随者干好事。希特勒通过呼吁国民的“爱国心”，通过阐述恢复国家经济必要性使千百万德国人相信他，支持他发动的法西斯战争。

一些领导者发觉，很难协调达到目标与关心追随者或下属之间的矛盾。因此，他们只能选择成为两种领导者中的一种：任务指向（主要关注于工作的完成）或者关系指向（更看重他们的追随者的感受，与其维持良好关系）。1967 年，华盛顿大学的弗雷德·菲德勒最早提出了一个详细阐述两种领导类型在商业中相关效力的理论。

菲德勒指出，在领导者与所有的雇员关系良好并且有一个明确目标的公司里，任务指向的领导者工作最好。因为一切都很顺利，领导者可以集中精力于工作。要是一切进展都不顺利，任务指向的领导者也表现良好。因为他们能够主持与统筹事务。然而，当事务进展处于不好不坏的情况时，他们的表现就不这么好了。如果这个公司有一个合理明确的目标，并只有一些人与领导相处融洽，那么关系指向的领导通过与其他雇员建立稳固的关系，可以把工作做得更好。

## 态度与说服

社会成员无法回避评价。这些评价会影响我们如何思考、如何感受以及如何行动。这些评价就叫作态度。态度有不同的形成方式。一种形成态度的方式是通过经典条件反射建立的。如果一个刺激高频率地出现在另一个刺激之前，两者就能在我们的头脑中建立联系。例如，一个小男孩总见他的妈妈在遇到特定的人时，做出忧伤的反应或表现出消极行为，他就会把这个人与负面感受联系起来。最后，即使小男孩没有讨厌这个人的个人理由，这个人同样会引起他的负面感受。同样地，积极的态度也是这样形成的：如果这个母亲总是对一个人有积极的反应，她的儿子也会最终喜欢这个人。

形成态度的另一种方式是操作性条件反射。如果你表达某一态度并得到好的反馈，你就会继续表达这个态度。例如，有人看见你拿着一本《麦田守望者》对你说："真高兴见你在阅读塞林格的作品。"你就可能对这位作家的作品形成喜欢的态度。相反，如果有人说："你为什么读这本傻书？"你就可能对塞林格产生厌恶的态度。负面的评论似乎是批评你对阅读材料的选择，而你不可能爱做会遭批评的事情。

然而，有很多情况下，我们并不需要通过惩罚或奖励来形成态度。如果有人见其他人从聆听贝多芬和莫扎特的音乐中得到快乐，就会认为听经典音乐是有益的，并开始喜欢它。相反，如果见别人在喝酒后很痛苦，我们就会讨厌啤酒、葡萄酒等酒类。

在其他情况下，我们的态度在观察自己的行为中得以形成。当对某事态度不确定时，人们首先会关注自己的行为。康奈尔大学的达里尔・贝姆在 1967 年发表了一些论义做出了解释。比如，你可能不知道你是否喜欢某种类型的音乐，直到你对自己说："呃，我已经听了一个小时而没有关掉它，我想我一定是喜欢它的。"或者你看了一部电影，当时对它没什么感觉，但事后，如果其中的画面和对话片段长久地萦绕于脑海，你就会判定这部电影影响着你，你一定是喜欢它的。

### 有利可图

许多不同的经历结合起来，就会影响我们对一些事情的态度。加强某一特定态度的经历越多，这一态度影响我们行为的程度就越大。态度总是预示行为吗？不一定。有时，我们的行为与态度并不一致。比如，我们可能觉得回收废纸是件好事，但事实上却很少那样做。

宾夕法尼亚大学的马丁・费斯宾和马萨诸塞大学的艾塞克・阿杰恩在 1975 年共同出版的《信念、态度、意图和行为》一书中，提出了一个态度以外的影响行为更重要的因素——意图。如果我们想了解人们是否回收废纸，我们应该问他是否有意愿这样做，或者他们是如何决定的。费斯宾和阿杰恩提出了影响意图的三个因素：态度（个体是否认为回收是件好事）、赞同（有人回收废纸，个体是否赞同）和可行性（回收是否有实行的可能）。

## 认知失调

由于态度可以影响行为，因而心理学家对如何改变人们的态度感兴趣。莱昂·费斯廷格（1919 ~ 1989）研究了在没有任何直接压力的情况下，人们改变态度的条件。他的假设（后来被称为认知失调理论）是基于这样一个观点：当我们意识到想法和行为不一致时，就会感到不舒服。比如，一个吸烟的人，认为关注身体健康很重要，就可能经历认知失调，因为吸烟与他的信念不一致。

认知失调是一种使人不安的体验，所以我们会试图通过改变行为来摆脱它。当行为改变有困难时（比如戒烟很难），我们会以改变态度来替代。认知失调的吸烟者会觉得关心身体健康变得不那么重要，从而规避了戒烟问题。

另一种摆脱认知失调的方式是评估行为。这更可能发生在两件好东西二选一的时候。如果你只有够买一张 CD 的钱，但你两张都喜欢，你就面临挑其中一张来买的选择。你会感到认知失调，因为不论你选哪一张，你不买的那张 CD 的优良品质与你不买的事实不一致。选择一张 CD 之后，你会感到手里的这张要比没买的那张在所有方面都好，或者认为那张也并非你先前所认为的那样好。这样，通过评估，我们所做的选择能够帮助减少认知失调。

## 说服

改变态度来避免认知失调是我们自己做出的调整，但我们也会因为其他人的劝说而改变自己的态度。1986 年，里查德·帕提和约翰·卡西伯欧提出了修订后的精细加工似然模型，并以此来解释如何让他人说服自己。根据这个模型，有两条路径可以用来说服：中枢路径和边缘路径。中枢路径说服要求有深思熟虑的想法：我们权衡所有呈现出来的事实并做出一个合逻辑的结论。假如你读了一本科学杂志，上面说大声的音乐与失聪有联系，你也许会相信大声的音乐有害健康。另一种情况是，如果你读了杂志上的文章而且发现作者很具有魅力，写作手法很高明，也许你会同样相信他所得出的结论。这就是边缘路径说服——受呈现事实的影响少而受其他无关因素的影响多。

↑ 哪些因素更可能使我们对某一事物的态度有所改变？最初，你可能被演讲者的非凡演说所感染，但从长远来看，你可能更相信清晰有效的、推理出来的结论。

有时，我们在中枢路径与边缘路径之间来回转换。不过，哪一个持续更久呢？研究表明，虽然边缘路径说服会与中枢路径一样改变人们的态度，但边缘路径说服的效果消失得更快。要是我们对事情做了仔细思考，而不是通过诸如人的身份地位或魅力等因素，态度可能更为持久。

## 偏见与歧视

虽然我们是社会性动物，但我们只想和数量有限的人交往。因此，我们倾向于仅选择隶属于几个感觉比较好的社会群体。不幸的是，即使我们对其他群体知之甚少，但有人感到，喜欢自己的群体而不讨厌那些非隶属群体很困难。形成对某一社会群体的敌对观念就称为偏见。偏见的一种形式是对他人的鄙视，这有助于我们获得优越感。当我们觉察到威胁的时候，要避免偏见尤其困难，因为它有助于维持自尊感。

心理学家史蒂文·费恩和史蒂文·斯班瑟在1997年通过一系列实验说明了这一倾向。在其中一个实验中，他们要求被试者做假的智力测验，然后给他们一个假的分数，告诉他们做得好或者做得不好。该研究在美国的一所大学里进行，在那里，学生们普遍对犹太女性怀有成见。在被试者得到测验结果之后，被要求评价一个犹太女性的人格或一个非犹太女性的人格。费恩和斯班瑟发现智力测验做得不好的人会对这个犹太女性做更多的负面评价，而那些通过测验的则给予其正面的评价。他们还发现，智力测验没做好的人在负面评价了这个犹太女性之后，一致体验到了自尊的提升。这个结果说明，人们通过贬低其他群体中的人来补偿自己的失败。

**社会与文化**

另一个让我们持有偏见的原因是，它有助于我们相信自己的文化比其他的好。通常我们重视自己的文化，因为我们得依靠它提供的认同感来获得生活的意义和目的。我们也可能感受到所在群体文化更优等，也可能通过贬低其他群体的文化进行重新确认自身文化的优越性。

偏见也可能源于社会群体间的摩擦。这些群体经常在社会中争权夺利，而且当一个群体的成员没有他们所认为的那样成功时，他们会在另一个群体成员身上发泄他们的挫败感。1940年，耶鲁大学的卡尔·豪弗兰德和罗伯特·塞尔斯发表了一项阐述这一倾向的研究。他们查阅了1882 ~ 1930年的美国南部黑人的经济条件和被处私刑的记录。在那个时期，美国南部的经济很大程度上依靠棉花。一个较好的经济指标是每年棉花的价格。调查发现，在那些棉花价格低的年份里，黑人被处私刑的次数变多。这说明白人农场主通过野蛮地报复黑人来发泄他们的挫败感。

怀有偏见很容易。我们可能不喜欢一个特定的宗教、种族、性别、年龄，甚至是那些穿着迥异的人。我们有时还会在认为自己没有偏见的时候歧视别人。虽然这种偏见可能很微弱，但它仍可以在社会中产生巨大的分歧，影响我们日常的决定。这使得创建一个和平相处的社会变得很困难。尽管如此，社会心理学家仍然研究出了如何能够减少社会中的偏见的方法。

**减少偏见**

多年来，人们认为减少两个群体偏见最有效的方式是让他们彼此交往。根据这个说法，如果人们在适当的条件下共存，他们会了解更多地彼此，从而变得喜欢或至少包容对方。但相互之间仅仅是偏见的叠加就可能导致争斗。

大多数社会心理学家认为，为了使两个群体相处和睦，两者都必须认可彼此平等的观念。而如果一个群体认为它应该处在支配地位，那么这两个群体就不可能和平共处。社会心理学家还提出，如果鼓励两个群体为共同目标一起工作，会使他们因为要依靠彼此而培养相互间的信任感。心理学家也认为，如果少数群体成员有机会处于适当的情境中，反驳其他群体对他们的负面刻板印象，偏见就会减少。心理学家还指出，有某些共同经历的群体（比如相似的背景）比没有共同经历的更容易彼此相处融洽。

1954 年，姆扎弗尔·谢里夫进行了如何让群体彼此和睦的研究，这是该方面最早的研究之一。他在俄克拉荷马州的罗伯斯·卡弗州立公园组织了一次男孩野营，这些男孩在此之前都互不认识。谢里夫以相似的背景和体貌特征来细致地挑选营员，把他们随机分成两队。他让两队人相互竞争，争夺奖品。结果不久后，他们开始对对方表现出攻击性。然后，谢里夫在营地制造了多种紧急情况，两个团体不得不一起来解决问题。最后，他发现两个团体间的偏见明显减少了。

1971 年，得克萨斯大学的埃利奥特·阿伦森和他的同事们使用同样的原则，开展了一个叫作拼图教室的活动，试图以此来减少班级学生之间的偏见。在理想的拼图教室活动中，参与活动的学生，来自不同的种族群体。同一问题解决方案的不同部分给不同的学生，这样，他们必须通过合作才能完成任务。通过这种方式的合作，学生们学会了和睦相处。研究者们使用拼图教室做了许多研究，发现参加过拼图教室活动的学生与没有参加过的相比，彼此怀有偏见的程度更小，考试成绩更好，更有自尊感。

## 助人与利他

在社会中，为了与他人相处和睦，我们有时必须互相帮助，虽然许多不同的情况可以影响我们助人的频率和程度。我们中的一些人似乎具有某些人格，使自己比别人更倾向于帮助他人。但就连那些通常帮助别人的人，有时也会发现自己的助人行为减少了。

对这个现象最好的阐释之一是1970年的一个实验。当时，心理学家约翰·达利和丹尼尔·贝森要求加入宗教的学生做一个演讲。要求一半学生做的演讲是“善良的撒马利亚人”——《圣经》上一个助人的故事；要求另一半学生做关于工作的演讲。学生得到演讲题目之后，被告知必须走到另一个大楼里做演讲，并且还获悉自己属于三种情况的其中一种：能准时赶到，能比计划的时间提前几分钟到，已经晚了几分钟。

在去另一个大楼的路上，所有的学生都经过一个正在咳嗽和呻吟的男人，他实际上是个为心理学家工作的演员。令人惊奇的是，学生们思考的演讲主题几乎没有在帮助这个人的方面产生作用：思考“善良的撒马利亚人”的学生并没有比思考工作的学生更多地帮助别人。另一方面，时间压力因素产生了重大影响。所有认为时间还早的学生中有63%停下来帮助那个人；所有认为时间正好的学生中有45%帮助了那个人；而认为自己迟到了的学生，仅有10%帮助那个人。

达利和贝森的研究显示，哪怕是情境中一个细小的方面也可能强烈地影响我们帮助别人的程度。比如，住在大城市的人不一定比在小城镇上的人更不乐意助人（虽然经常被这么认为）：当他人需要帮助的时候，他们可能只是忙于从事自己关注的事情。

**群众行为**

社会心理学家提出，当在场的人越多，我们越少倾向于助人。普林斯顿大学的比勃·莱泰恩和约翰·达利主持了一系列实验来研究助人行为。例如，1968年，他们要求志愿者与一个人、两个人或者五个人讨论大学生活问题。实验通过一人一个房间里来确保他们互相不知道对方是谁。他们被要求通过对讲机说话，在说了一会儿之后，其中一个“参与者”开始发出要窒息的声音，并声称自己的疾病突然发作，请求帮助。从实验结果中莱泰恩和达利发现，讨论群体规模的大小明显影响着参与者做出助人的决定。当他们认为自己是唯一的讨论对象时，85% 的人会走出房间去找需要帮助的人。但当他们认为有其他四个人也在其中时，仅 31% 的参与者出去帮忙。

为什么在较大规模群体中的人较少助人呢？其中的一个原因似乎是他们觉得自己没有太多助人的责任，因为周围有其他人在，大家责任同等，甚至别人更有资格去助人。他们也可能依靠别人的反应来决定这样一个情境是不是需要帮助。如果其他人很镇定或不去给予帮助，那么他们会觉得情况不是很紧急。

**决定助人**

心理学家很想知道心情是否也影响助人行为。在实验中，研究者通过看喜剧、吃饼干，或者闻令人心情舒畅的香味来使被试者有好的心情。在这些情况下，被试者似乎更乐意在紧急情况下帮助别人。然而，在心情不好时，相反的结果却没有被证明出来。一些研究者认为，人们在心情不好的时候就不乐意帮助别人，但通过研究得出了与此矛盾的结果，这可能是因为人们认为助人能改善心情。

↑ 如果有人病倒在大街上，你有多大可能去帮助他？研究表明，你的反应可能受在场人数的影响。在一大群人中，你可能会感到没有必要出手相助。如果他人没有表现出关注，你甚至会认为这个情形没有严重到一定要去干涉的地步。

同情，即感受到他人的感受，也能影响我们在遇到别人有麻烦时决定是否给予帮助。当同情某人时，我们更可能去帮助他。

因为存在许多不同的

因素可以影响我们是否去帮助别人，所以我们有时很难决定是否要去帮助别人。那么我们如何做这些决定呢？莱泰恩和达利描述了五个步骤。当我们决定要去助人的时候，一定会经过这五步。第一，注意到有事发生。第二，意识到情况紧急。第三，感到在某些方面有责任，如果认为其他人有责任去帮忙，我们就会什么也不做。第四，知道要做什么，如果在紧急情况下没了主意，那么决定帮助别人也无济于事，比如帮助一个快窒息的人。第五，坚信这次的助人是没危险的，不会导致尴尬。

## 第四节
## 沟　通

人际沟通普遍存在于我们的生活中。虽然我们常常意识不到它，但它却时刻在起作用。我们通过说话时所用的语言、声调和姿势，不断地向周围的人群传递着信息。比较而言，大众传媒则有意识地借助于这些交流技巧去吸引更多的受众。

沟通可以简单地定义为一方（发送方）通过某种媒介传递信息到另一方（接收方）的过程。当两个人通电话时，一方借助于电话线通过语言向另一方传递信息；一个公司要在一家全国性的报纸上刊登广告的话，则借助于书刊文字向成千上万的读者同时传送信息。

这样看来，沟通好像很简单。但是，如果考虑到人们交流时所采用的多种多样的交流方式，沟通就变成一个相当丰富、异常复杂的话题，远远超出了心理科学领域的范畴。人类学家对不同文化间的交流有很多的见解，音乐家则擅长于如何表达情感。教师会熟练、有效地解释复杂的概念，广告文字撰写人则懂得如何劝诱。

心理学家之所以对沟通感兴趣，原因是多方面的。就认知心理学而言，语言显示了大脑是如何进行信息加工的，包括它是如何思考、推理和记忆的。对于社会心理学家来说，语言和非语言沟通显示了人类如何互相交流、不同文化间的共同之处，以及人类和动物是怎样运用沟通方式来互相识别的。另外，研究大众传媒会有利于心理学家和社会学家理解现代文化和现代社会的运作机制，这有利于他们研究说服和态度形成过程中的要素，并对社会问题（比如暴力电影是否使孩子变得更好斗）进行有效的回答。

## 沟通理论

人类沟通的理论和模型得益于电子学和计算科学理论的思想。其中一个著名的沟通学理论源自美国数学家克劳德·艾尔伍德·香侬的研究。作为一种信息理论，它解释了发信者怎样通过限定动量的渠道（这是一种有限定信息容量的沟通渠道，就像水管以一定的宽度来限制水容量）把信息传递给受信人。香侬的信息理论在电信沟通设备的设计上被认为是很有影响的，在人类沟通上仍被证明是有用的。所以当广告文字撰写人谈到“沟通的渠道”时，他们可能仅仅是指广告牌上的文字、意象或是音乐。

香侬的理论似乎和本单元开头所提出的沟通没有很大的区别，但他的理论进一步引进了其他的观点。比如，被传递的信息通常被描述为信号，为了使沟通顺利，受信者必须把这些信号从周围的杂声中区别开来。这种观点在打电话的情况中很好理解，但信号和杂音在其他的沟通方式中并非显而易见。在一幅大型广告牌上，信号就是撰写人所要努力表达的具有说服力的广告信息。杂音则是阻碍信息顺利传递的一切。这包括附近广告牌的竞争、高速公路上阻碍广告牌进入人们视线的树、撰写人写得有歧义的标题或是其他影响沟通效果的因素。

事实上，人际沟通比香侬所提出的简单模型要丰富、复杂得多。比如，当两人交谈时，他们不单是简单的交换文字，互相之间还通过说话的音量、面部表情、肢体语言或是其他的方式向对方传递着信息。所以人际沟通是多渠道的。一些沟通方式，比如孩子的哭声好像是先天就有的，但其他方式例如姿势、习俗等则明显地因文化而异。所以人际沟通不像电话中转中心那样是固定的。

在香侬的理论中，沟通只是一种简单的由发信人传递给收信人的信息总和，沟通中所包含的信息则无关紧要。在人际交往中，沟通的内容对信息如何传递影响甚大。教师站在黑板前讲解传递着教育信息；具有说服力的消息是通过电视广告或广告牌传递的；情感则是由歌手在舞台上的表演来传递的。在日常生活中，沟通发生的情境是至关重要的。同一个问题，如当一位家庭主妇在问牛肉在哪里时，它的意思与一位总统候选人攻击他的对手或代言人在为汉堡做电视广告时说的是截然不同的。加拿大传媒理论家曼克卢汉（1911 ~ 1980）早已预言，媒介对人类消息的接受影响巨大，并指出“媒介即是讯息”。

尽管很复杂，但沟通仍可以用简单的形式来解释。所有的沟通形式可以分为两种，即语言沟通（通过书面语或口头语言来传递信息）和非语言沟通（包括声音、姿势等）。人际沟通（两人间的双向沟通）也与大众沟通（一人与社会群体的单向沟通）有很大的区别。

## 语言沟通

人们通常认为书面语和口头语言是人际交往最重要的形式，而且它们在很多人类文化中发挥着中心的作用。设想用哑剧来表达完整的人类知识（比如《大英百科全书》）将是多么困难。但语言并不是不可缺少的。莎士比亚的情感剧《罗密欧与朱丽叶》就常用芭蕾舞形式来表演。其间没有一句话，然而音乐和舞者的动作淋漓尽致地诠释了故事的精髓。除了语言，日常生活中的交流还可以通过表情、姿态、触觉和说话的语气，甚至用香水、衣服、伤疤和文身来表达。

心理学家很早就开始了对语言和非语言沟通的研究，二者似乎是截然不同的两个课题。在 20 世纪 60 年代，美国语言学家、社会学家查尔斯·霍凯特（1916 ~ 2000）在其具有影响力的著作中明确地指出了辅助性语言（非语言沟通）与书面语、口头语的不同，但有些学者认为二者没有区别。美国社会学家亚当·肯顿声辩，作为交际工具，语言和姿态在交流中起着一样的作用。美国语言学家 D. 博灵格（1907 ~ 1992）则认为“语言根植于姿态”，意思是姿态（包括说话的语气）基本上决定了说话的内容。美国研究者大卫·麦克内尔和苏珊·邓肯也反对这种说法，他们认为人类语言的内容有时只有同时考虑到非语言沟通因素时才能被很好地理解。

↑ 1995 年，英国皇家芭蕾舞团的男演员乔纳森·库柏和英国首席芭蕾舞明星达西·布塞尔用舞蹈表演罗密欧与朱丽叶这两个角色。尽管芭蕾舞缺乏莎士比亚这一伟大悲剧中语言演绎中音调上的细微差别，但是，这两位舞蹈者通过身体姿势和面部表情的运用，仍然能够传达这个经典故事中的情绪和戏剧性的情节。

### 沟通手段

很多语言学家和心理学家都在思忖思想与语言之间的关系。有的认为思想依赖于语言，有的则认为语言取决于思想，同时也有人认为它们是两种独立的活动。

如果语言只是思想的工具，那我们大可不必与别人交流，只要用自己的语言对自己说就行。然而语言的基本特点是适合与别人沟通，它比单纯地使用非语言沟通形式更能清楚地表达和交流复杂的想法。语言的规则和严谨的结构，使得别人能够懂得我们所说的。同时，语言具有很大的创造性：我们不可能把在生活中要说的话都存储在脑海中，因为我们不可能知道在未来我们需要说什么。相反，在必要时我们会想出新的东西来说。所以我们的大部分语言是为了沟通、分享信息，通过对话来建立和维持社会关系，表达感情而量身打造的。

语言可以为两人之间的隔阂架起桥梁，就像连接电话的线那样。国际合作和规章制度的复杂系统确保了任何固定电话都可以拨出或接收到世界任何地方的电话，但人不是电话。人们在不同的国家、不同的社会背景下成长，从事着不同的职业，所以比起电话线，语言需要更灵活的方法进行连接和有效的沟通。

## 语言与意义

英国心理语言学家菲力普·约翰逊·莱德尔在他的1983年的著作《心理模型》一书中，描述了人们是怎样根据他们在脑海中建立的心理模型来思考和理解这个世界的。沟通成为约翰逊·莱尔德所谓的“意识表现形式的象征性转换”，用于和其他人一起分享这些心理模型。所以交谈就成了一种交易活动，在这种活动中，心理模型以文字为主、非语言信号润色为表现形式在人们之间互相传递着。如果说话者想就世界某一方面的事说点什么的话，他们首先要建立一个便于理解的心理模型，然后用一些听者了解的语言来描述。听话者则会分析这些语言，在讨论中建立有关这个话题的心理模型（或是调整已有的心理模型）。交谈时，双方不断地转换角色，交换各自心理模型的思想，而且还相应地调整各自的模型。

语言不只是对单独的个体来说有意义，对于所有使用语言的人来说都是有意义的。换句话说就是，语言是一种有着共同意义的体系。印刷在这一页纸上的每一个词，对于任何一位读者来说，这些词意味着的意思或多或少。因此，如果有人写下了“大型豪华轿车”这个词，你可能会认为它指的是一种穿梭在摇滚明星和世界领袖间的大型轿车而不是牧牛场上的皮卡货车。

相同的文字对于不同的人来说也代表着不同的意思，这使得语言沟通变得复杂。有时一个字对于不同的人来说含义不同，甚至不同的字典对同一个字的定义也会有细微的差别。每个词都会使人们想起基于他们独特经历的心理模型。如果你曾去过一个高中舞会的话，那“豪华轿车”会使你会想起和朋友们一起度过的愉快的夜晚。但是如果你曾看过有关1963年谋杀总统约翰·肯尼迪的电影，那“轿车”则有了一个完全不同且负面的意义。但如果你家人中有一位是司机，那“轿车”又会引起另一个不同的情感。

## 意义论

意义是语言沟通的基础。但是意义到底是什么？最简单的解释就是，文字的意义来源于它们所指的世界上不同的东西。所以“豪华轿车”和“皮卡货车”不同，那是因为它们指的是两种不同的汽车。但“内容”并不是这么简单，因为有些抽象的文字像“真理”、“爱”、“公平”，并不是有形的物质，虽然它们有复杂的、逻辑清晰的意义。

一种意义论是将复杂的文字用一种更简单的形式来解释，在本质上是和字典的工作原理相同的。韦氏字典把“豪华轿车”定义为：“大型豪华、有专职司机驾驶的车，通常有玻璃隔板使司机座与乘客隔离开来。”另一种意义论是用原型或最典型的例子来表示文字的含义。比如，让北美的孩子画房子，他们大部分会画成有四个窗户、中间一扇门、一个有屋顶和烟囱的长方形形状的房子。所以“房子”这个词就是以这一系列主要的特征来定义的。换句话说，“褐砂石房屋”、“棚屋”、“公寓”和“小木屋”都可以是原型的例子，但它们并不适用于所有原型的特征。

**意义的层次体系**

不仅仅是语言中的词语表达了意义。句子由词语组成，并通过单个词所构成的综合意义来表达总体意义。同样地，段落则表达更为广泛的想法，而文章中段落的综合则可能表现出更为广泛的意义。在非语言沟通中，这种层次体系的等同性并不很明显。一个人通过一系列的姿势、造型和神态向别人表达自己的意图，但这些非语言沟通的独立要素所形成的内容层次与字、句和段落三者间的方式是不同的。也许这就很好地说明了语言作为交际工具的魅力：从日常生活中的“你好”和“再见”，到马丁·路德·金的演讲和莎士比亚的戏剧语言，语言的魅力无处不在。

## 非语言沟通

人们不断地发送着非语言信号，但这些信号（运用沟通理论的语言）有多少被真正地接收到了呢？非语言行为（发送信号）与非语言沟通（被别人接受到并解码出来的信息）存在一个主要的差别。

在这方面，非语言沟通与语言沟通截然不同。总的来说，人们通过交谈来表达简明的信息。相比较而言，非语言沟通比较不可靠。一方面，人们有时可能根本意识不到他们在进行着交流：无精打采地趴在书桌上的学生可能不会意识到他们正在告诉老师“好无聊”；互相接触或凝视着对方的朋友可能不会意识到他们正传递着“爱”的信号。这些非语言信号是发送者无意识中传递的，但这些细微的信号是否已被受信者接受，那就是另一回事了。老师可能并没有意识到课是如此乏味，同样，那对朋友可能从来没有意识到他们已经恋爱了。

↑ 英国的自然学家查尔斯·达尔文是第一个提出进化理论的科学家。他也对非语言的交流和沟通进行了研究，并得出一个结论：对于许多生物物种的生存来说，非语言的交流和沟通非常重要。

## 早期研究

英国自然学家查尔斯·达尔文（1809 ~ 1882）是最早研究非语言沟通重要性的人之一。在《人和动物的情感表达》一书中，他概括了面部表情和其他不同物种的非语言沟通形式的重要性。达尔文强调人类大部分的沟通是由内部决定的，并且这种沟通为人类的利益起了重要的作用。

尽管达尔文的观点看起来是革命性的，但他的一些理念已经为其他文化预料到了。比如，中国人从千年文化里逐渐形成了以貌论人的习惯，即通过观察脸型来评价人的性格。古希腊剧作家德奥弗拉斯特（约公元前 372 ~公元前 287）编写了一本被称为《30 种人类性格特性的要素》的目录簿，分别描述了这些人的特性，当然包括他们的肢体语言。印度文化也存在着类似的观点。现代表达同样观点的要算是 1970 年最畅销的、由英国动物学家 D. 莫里斯写的关于人与人之间联系的书——《人类观》。

一些人认为他们会发现一些意思丰富的沟通渠道，而事实上这些渠道并不存在，他们往往把这些观点极端化了。比如，颅相学家认为，通过对一个人头盖骨的查看就能够洞察这个人的性格。1895 年，意大利内科医生 C. 龙勃罗梭（1836 ~ 1909）发表了著名的《犯罪心理学》。他相信可以通过人的身体和面部特征来判断他是否可能成为罪犯。他认为手指长的人更可能成为小偷，而谋杀者的下巴一般都很大。

今天，这些观点看起来很荒谬，但我们也时常会错误地解读一些非语言符号后，匆忙得出一些荒谬的结论。例如，我们有很多人在脑海中形成了一个典型的“鸡蛋头”教授的形象：秃顶、瘦削的脸庞、一副薄薄的眼镜。有多少教授符合这一形象？有时对非语言符号匆忙地做出笼统解释会引起令人惊讶的结果。心理学家戴安·贝尼和L. 麦克阿瑟指出，陪审团成员对婴儿脸型（圆脸、大眼睛、高眉骨和小脸颊）的人做出罪名成立的可能性比其他脸型的人小。

**先天还是后天**

查尔斯·达尔文认为非语言交流是具有适应性的，这有助于物种的生存。原因很容易就可以说明。一只吠犬与一只不作声的狗相比，更不容易为它的领域而战，避免打架的狗比好斗的狗更容易生存；当饥饿或疼痛时，一个哭闹的婴儿比从来不哭的婴儿更容易吃到奶。达尔文认为非语言沟通还有很多其他的实际用处，特别是在召唤同伴方面。很多心理学家也支持他的这种观点。

相比较而言，非语言沟通更是一种先天而非后天的产物，这一令人惊叹的论证出自美国心理学家保罗·埃克曼和他的合作者的研究。在1971年开展的经典研究中，埃克曼和他的同事华莱士·傅利森让一偏远地区的新几内亚部落成员根据一系列基本情绪做出面部表情，比如：高兴时、当孩子夭折时、饥饿时，或因愤怒而反抗时。他们拍下了这一系列表情，并把照片散播给美国人，发现美国人能以极高的准确率辨明对应的情绪。反过来这一实验仍被证明有效——新几内亚部落成员也可以辨别美国人的面部表情。1987年，埃克曼和他的同事们进行了更广泛的实验，在一个由十个国家的成员组成的混合体中，他们采用了六种不同的面部表情，结果这些来自不同文化的人都能成功地辨别出这六种表情。

**非语言沟通的种类**

虽然人们通过许多不同的非语言渠道进行沟通，但很重要的一点是，它们都在传达着更多的有效信息。人类的肢体语言通常比他们的发型、所用的香水传递着更多的消息；说话的语气有时可能会比他们说的话包含的意义更多。所以比起其他类型，心理学家对于非语言沟通的方式研究得更多。比如，身势语（肢体语言）、辅助性语言（说话人的语气或是影响语言理解的因素）、体距（人们相距的距离）。

自 1970 年朱利·费司特的同名书出版后，许多人知道了"肢体语言"。肢体语言同时也指运动。这里所说的运动包括了人类的基本动作，比如他们的姿势、面部表情、眼睛的活动、是否接触在他们身边的人或是使用了各种其他交流的渠道。一位参加工作面试的人会采用与在家中沙发上休息时完全不同的姿势；比起工作伙伴，恋人往往使用更开放、更有吸引力的肢体语言。

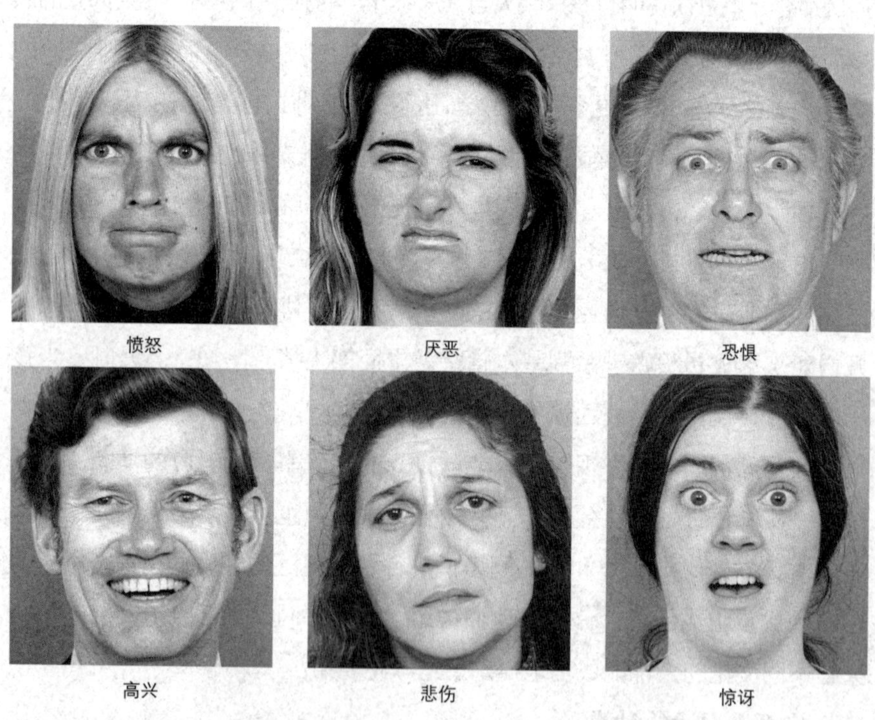


↑ 保罗·埃克曼和他的同事通过研究证明，人们有一套通常可以识别的基本的面部表情。它们包括在上图中呈现出来的六种类型：愤怒、厌恶、恐惧、高兴、悲伤和惊讶。

关于姿势，有一个关于朋友或恋人间交谈时类似动作的有趣发现。这有时被称为姿势的全等，它是两人通常是否相处得来的有力证据。对于站立姿势相似的两人，他们更容易相处以及分享相同的观点；而使用不同姿势的人则更容易出现分歧。

比起其他肢体语言形式，面部表情被研究得更多。埃克曼和他的同事的研究表明，有六种基本表情是全世界大部分地方都能理解的，它们包括：高兴、悲伤、恐惧、惊讶、厌恶和愤怒。但是人们做鬼脸是为了交流还是简单的表达情感呢？1979 年，社会科学家 R.E. 克劳特和 R.E. 强森在研究中判定了不同社会场合下人们在什么时候可能会微笑。比如，在保龄球比赛中，当投球手成功地击中目标时，比起面对整个球馆，在面对朋友时他更容易微笑。所以在社交场合下，比起简单的表达感情，微笑更倾向于交流。当我们对别人微笑时，对方很可能也报以微笑。

想想我们在交谈时需要花多长时间注意着对方的脸，面部表情成为交流的重要形式也就不足为怪了。人的右脑专于面部表情这一事实也证实了面部认知的重要性。人们的姿势尽管不明显但很重要。人类识别、理解面部表情看起来在我们脑海中是固定的，然而 D. 莫里斯和他的伙伴在 1979 年通过研究表明，姿态不仅仅是人类个人文化的产物。比如，在泰国将脚掌或鞋子朝向别人是很粗鲁的，而在其他国家可能并不在意这些动作。在美国伸出两手指朝上，无论手心朝向哪面都是一种胜利的标志；但在英国，同样的手势如果手心朝内则具有冒犯性。尽管很多姿势语言因文化的不同而不同，但有一些却是人们全都能看懂的，比如，向别人微笑表示友好。

体距或人们感觉自身与周围人群间所需的相隔距离，是另一种非语言沟通，它因文化不同而不同。正如狗因对它的领地的突然入侵而感到威胁，人类则因空间被侵犯而感到不舒服。狗叫以示反抗，人类则会后退直到他们感觉舒服为止。人类学家爱德华·霍尔在 19 世纪 60 年代的研究中表明，对于典型的北美人来说，有四个递增的亲密关系区。在 12 英尺（3.7 米）以外是最远的区域，几乎每个人都可以进入。在 4 ~ 12 英尺（1.2 ~ 3.7 米）之间，人们通常允许与他们有关系的陌生人，如在鸡尾酒会上的其他来宾的介入。而非正式的谈话一般在 4 ~ 18 英尺（0.5 ~ 1.2 米）这个更加个人的区域内进行。只有恋人、亲密的朋友、亲戚或小孩才可以进入最亲密的区域内，即小于 18 英寸（0.5 米）。这些距离因文化而异。

**为何用非语言交流?**

考虑到大多数人都具备语言交流的能力，那非语言交流还有什么用呢？答案很明显，我们在不知不觉中使用语言及非语言方式进行沟通。所以问语言与非语言之间是怎么样的关系这个问题，会更明了。

保罗·埃克曼认为语言与非语言沟通有五种可能关系。非语言沟通可以代替语言沟通。比如，取胜的保龄球手用微笑来代替说“Yeah”。非语言沟通可以与语言沟通达成一致，如在我们说“Yes”的同时还点着头。同样地，它们有时并不一致，如我们愧疚的肢体语言会揭露我们在撒谎。在公众演讲中，非语言沟通对语言沟通起到了补充与强调的作用。例如，一位政客表达一种口头警告的同时会摆动他的手。同时，在听者打断说话者的前提下，非语言沟通为他们提供了有效的方式。当交谈时，我们通常会点头以示注意力集中。

## 人际沟通

无论是在商店买东西、同朋友打电话还是在街上同别人交谈，我们所进行的大多数人际沟通都是双向的。这些沟通也许是语言性的，也可能是一个字都不说。有些交流是在脑海中有明确的目的才进行的。比如，在工作或入学面试中，面试官提问的大多数问题是在期待面试者就问题谈论更多；在看病时，交流的目的是帮助医生查明病人的病因；在街上与朋友偶遇的交谈，则是在一个更平等的基础上进行的，互相交换的信息可以帮助维持人际关系。

**交谈原则**

根据约定成俗的规则，每个交谈都包含着信息的交换。交流最重要的规则是无论何时总有一方是说话者，另一方是听众。双方一般不同时说话，当然，双方也不会同时倾听。另一原则是为了交流的持续，人们在说话者和听者两种角色间自由流畅地交替转换。交谈的规则不是被写下来或传授下来的，而是人们在社会听说实践中习得的。

尽管交谈具有其一般规则，但它基本上是由社会背景决定的。在看病时，对于医生提出的所有问题和近乎唐突的行为（比如摸额头）病人都会接纳，因为这是为社会所接受的并且实际上必需的。但如果一位医生在鸡尾酒会上仍然以这种行为方式出现，那将被认为是粗鲁、傲慢的表现。当一位女士与小男孩交谈时，为了使小男孩战胜害羞，她会先提问一些问题，直到男孩张口说话为止。但如果一位男士以同样的方式与女士交谈，则会被视为无理与冒犯，他们的交谈也不会持续很久。

**非语言交流**

交谈大部分上是关于信息的交换，但非语言交流仍起着重要的作用。不论人们交谈速度有多快或是双方才刚刚认识，他们都可以在不中断谈话或打断对方说话的前提下，同时扮演着说话者和听者的角色。这其中的奥秘是他们相互间所传递的非语言信号。当说话者快说完的时候，他们可能会降低声音，做一些合适的手势或凝视对方一段时间。听者要开始说话时，他们可能会有力地点头。对于说话者，主要的非语言沟通方式有语调、字或句之间的停顿、不同的姿势或眼神交流的运用。而听则主要依靠字眼的使用（如：嗯）、动作（点头）、眼神交流、面部表情或姿势来表达观点。

有一些交流可以完全使用非语言沟通，比如打招呼或再见。在不同文化中，人们会拥抱、亲吻、鞠躬或击掌，甚至有更烦琐的非语言交流。亲抚也属于非语言交谈，它们由社会已定的原则决定，虽然这与控制语言交谈的完全不同。

**受限制的交谈**

大多数交谈包含了语言与非语言沟通，虽然有时技术上的限制妨碍了可供人使用的沟通渠道。最明显的例子是，人们在打电话的时候，眼神交流、姿势、动作或面部表情这些非语言信号都无法被传递并被对方接受。但令人奇怪的是，很多人很容易就适应了用电话交谈，并认为这是一种更有效的沟通方式，因为非语言信号并没有影响信息的传递。一项研究表明，与面对面交谈相比，人们在电话中交流时谈得更久，停顿时间更短并且不易被打断。

电话所提供的有效交谈的代价是情感沟通的欠缺。许多人抱怨电话交流没有面对面交谈来得亲切，但是沟通渠道的欠缺并不削弱感情。一些使用网上聊天室的人经常在网上建立亲密的朋友关系或形成其他种类的网上关系，或许正是因为可利用沟通渠道的欠缺。

**交谈技巧**

从交谈的内容中不难看出消息的传递并不是人们首要关心的。人们交谈（可以关于任何事）这一事实比他们在交谈什么更为重要。这与人们遵从礼貌交谈原则有很大的关系。善于交谈的人往往尽量显得友好并且避免正面冲突，遵守被认同的原则（比如不打断说话者，在必要的时候表示抱歉）。好的听众（注意对方说话，提出明智的问题并能引起共鸣的人）比只会听的听众更容易成为朋友。

在两台电脑调制解调器或两台传真机从最初连接成功到真正传递、发送信息前这段时间内，两台机器相互估计对方传递的速度以及其他能力，然后找到两者都可以使用的交流方式。在一次成功的交谈中，人们也以同样的方法来调节。比如，在与意思表达不完整的小孩、带有浓重口音的人交流或是在不同文化交流中，人们或多或少会使用非语言沟通。总而言之，人们会尽量与交谈者妥协。

虽然交谈可以拉近并保持人们之间的关系，但并不是所有的交谈都是成功的。这是由各种各样的原因造成的，通常是一方违背了一条或是更多的不成文规则，也可能是因为说得太多或太少、在交谈中停顿太长、经常打断说话者、只顾自己而忽略倾听对方或犯各种其他的错误。遵守原则是交谈时最重要的社会技巧之一，那些没有掌握它的人在人际关系中将付出很大的代价。